《茶谱》辑佚述评

刘昌明——著

四川辞书出版社

图书在版编目（CIP）数据

《茶谱》辑佚述评 / 刘昌明编著 . -- 成都 : 四川辞书出版社 , 2025. 5. -- ISBN 978-7-5579-1822-4

Ⅰ . TS272.5

中国国家版本馆 CIP 数据核字第 20257RS203 号

《茶谱》辑佚述评

CHAPU JIYI SHUPING

刘昌明　编著

责任编辑	张国文
书名题签	钟建明
封面设计	成都编悦文化传播有限公司
责任印制	肖　鹏
出版发行	四川辞书出版社
地　　址	成都市锦江区三色路 238 号
邮政编码	610023
印　　刷	成都国图广告印务有限公司
开　　本	140 mm × 208 mm　32 开
版　　次	2025 年 5 月第 1 版
印　　次	2025 年 5 月第 1 次印刷
印　　张	10
书　　号	ISBN 978-7-5579-1822-4
定　　价	68.00 元

· 发行部电话：（028）86361821

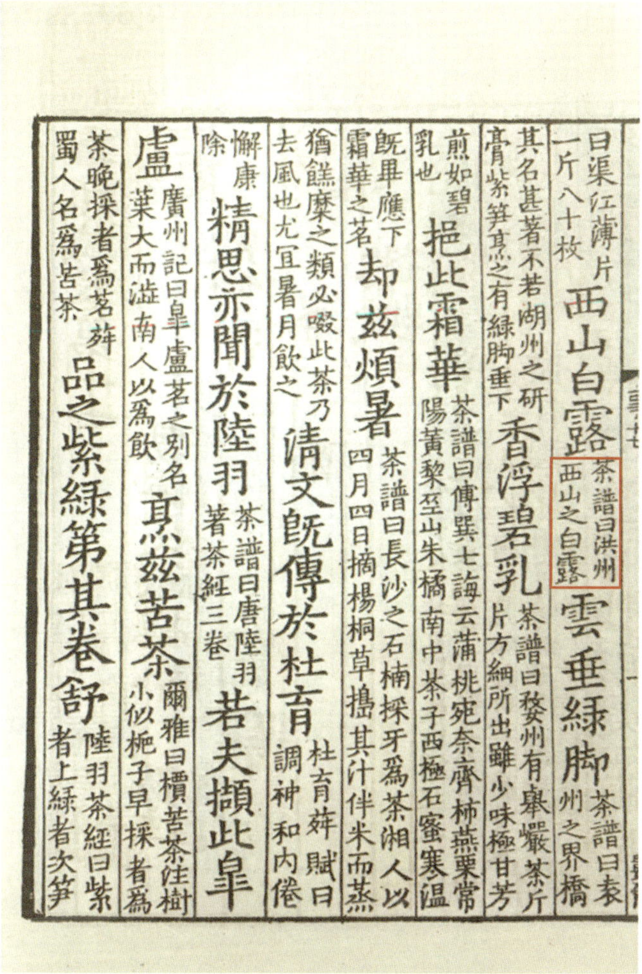

曰渠江薄片一斤八十枚 西山白露 茶譜曰洪州西山之白露 雲垂綠脚 茶譜曰袁州之界橋其名甚著不若湖州之研膏紫筍烹之有綠脚垂下 香浮碧乳 茶譜曰婺州有舉巖茶斤片方細所出雖少味極甘芳煎如碧乳也 挹此霜華 茶譜曰傅巽七誨云蒲桃宛柰齊柿燕栗常陽黃梨巫山朱橘南中茶子西極石蜜寒溫既畢應下霜華之茗 却茲煩暑 茶譜曰長沙之石楠採芽爲茶湘人以四月四日摘楊桐草擣其汁拌米而蒸猶䭜糜之類必啜此茶乃去風也尤宜暑月飲之 清文既傳於杜育 杜育荈賦曰調神和內倦懈康除 精思亦聞於陸羽 茶譜曰唐陸羽著茶經三卷 若夫擷此皐盧 廣州記曰皐盧茗之別名葉大而澁南人以爲飲 真茲苦茶 爾雅曰檟苦茶注樹小似梔子早採者爲茶晚採者爲茗荈蜀人名爲苦茶 品之紫綠第其卷舒 陸羽茶經曰紫者上綠者次筍

《事类赋注》，宋绍兴十六年两浙东路茶盐司刻本载：『《茶谱》曰：「洪州西山之白露……」』

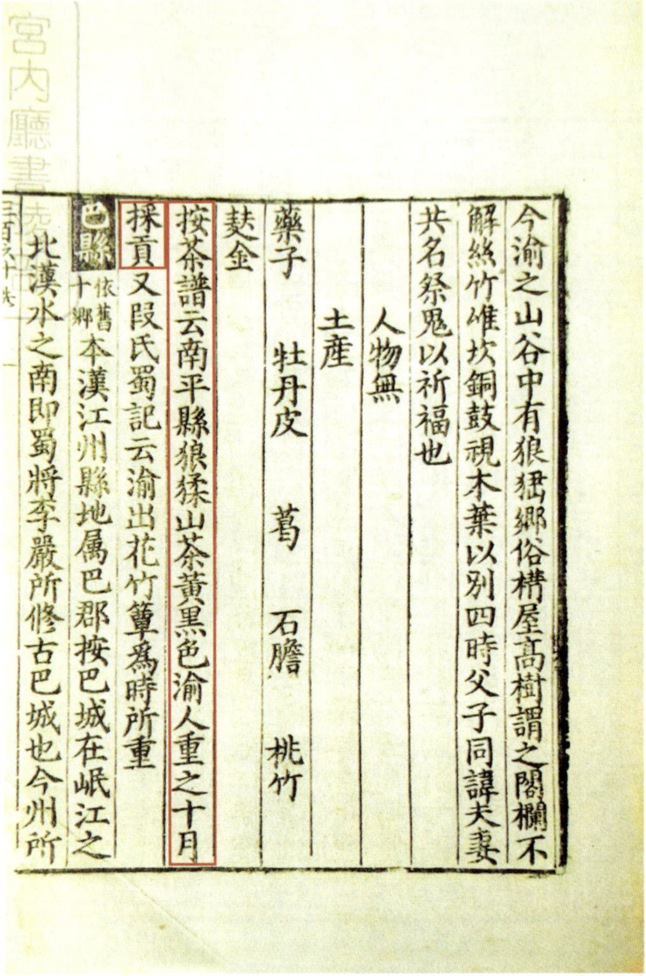

今渝之山谷中有狼猱鄉俗構屋高樹謂之閣欄不解絲竹惟坎銅鼓視木葉以別四時父子同諱夫妻共名祭鬼以祈福也

人物無

土產

藥子　牡丹皮　葛　石膽　桃竹

麸金

按茶譜云南平縣狼猱山茶黃黑色渝人重之十月採貢又段氏蜀記云渝出花竹簟為時所重

巴縣 依舊十鄉 本漢江州縣地屬巴郡按巴城在岷江之北漢水之南即蜀將李嚴所修古巴城也今州所

《太平寰宇记》，日本宫内厅书陵部图书寮文库藏宋刻本载：

『按《茶谱》云：南平县狼猱山茶黄黑色，渝人重之，十月采贡。』

《古今合璧事类备要》外集，中国国家图书馆藏宋刻本，载《茶谱》云：『甫里先生陆龟蒙嗜茶荈，置小园于顾渚山下。』

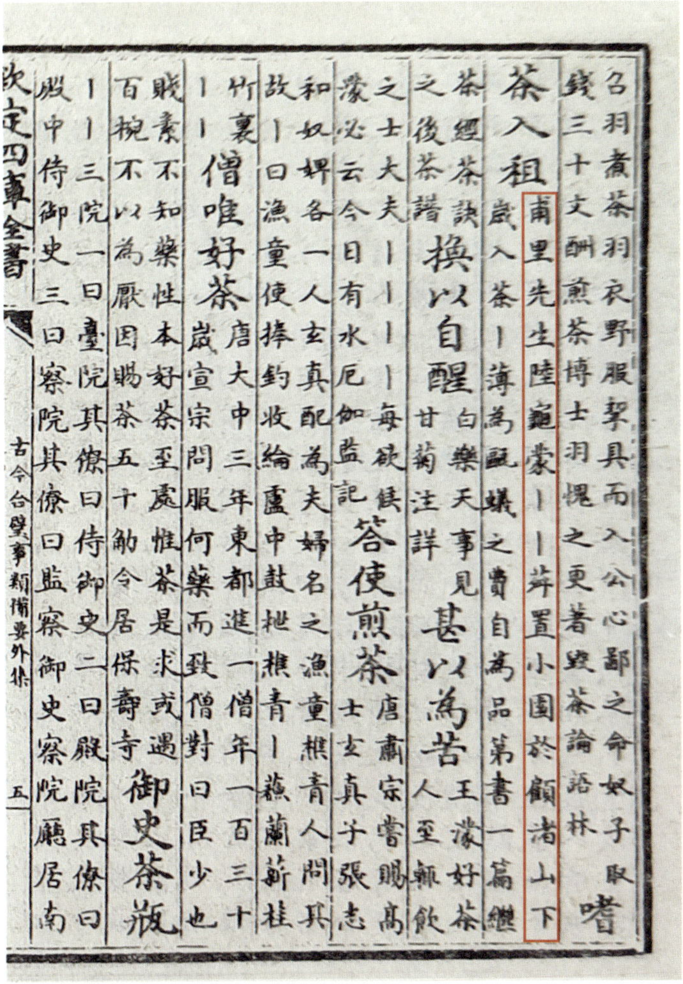

名羽煮茶羽衣野服挈具而入公心鄙之命奴子取 嗜
錢三十文酬煎茶博士羽愧之更著毀茶論語林
甫里先生陸龜蒙｜｜荈置小園於顧渚山下
茶入祖 歲入茶｜薄為甌蟻之費自為品第書一篇繼
茶經茶訣之後茶譜 換以自醒 白樂天事見甘菊注詳 甚以為苦 王濛好茶人至輒飲
之士大夫｜｜｜｜每欲候濛必云今日有水厄伽藍記 答使煎茶 唐肅宗嘗賜高士玄真子張志
和奴婢各一人玄真配為夫婦名之漁童樵青人問其
故｜曰漁童使捧釣收綸蘆中鼓枻樵青｜蘇蘭薪桂
竹裏｜｜ 僧唯好茶 唐大中三年東都進一僧年一百三十歲宣宗問服何藥而致僧對曰臣少也
賤素不知藥性本好茶至處惟茶是求或遇百椀不以為厭因賜茶五十斤令居保壽寺 御史茶瓶
｜｜三院一曰臺院其僚曰侍御史二曰殿院其僚曰
殿中侍御史三曰察院其僚曰監察御史察院廳居南

欽定四庫全書

古今合璧事類備要外集 五

金沥沙淘学有声

——刘昌明《〈茶谱〉辑佚述评》序

在我的学术交谊中，有的文友是先读其书，再识其人。我与刘昌明先生的交往，就是如此。

2013年1月，昌明先生的著作《巴蜀茶文学史》由四川大学出版社出版，获悉图书信息，我第一时间就购买阅读。巴蜀之地是有文献记载的中国饮茶文化的起源地，《巴蜀茶文学史》是首部展现从先秦至民国时期巴蜀茶文学发展历史的著作。这本茶书以其原创性、学术性、严谨性，给我留下了深刻印象，作者的姓名也牢记在心。

2016年8月23日至31日，拉萨举办西藏茶文化发展高峰论坛，我和昌明先生应邀参加活动。在进藏的火车上，我们才初次见面。由于神交已久，又有时任中国国际茶文化研究会副会长、西南茶文化研究中心主任孙前先生同行，两天的车程中我们相谈甚欢，一见如故。

我们交往的时间益久，交流也益广，交情也益深。或是共同参加活动，或是微信电话互通信息，或是我受邀前去四川，或是他来江西研讨。他撰写了著作会赠送给我，而我倡导设立的世界茶文化图书馆也得到他的支持，甚至我为《世界茶文化圣山笔记》写的序言，也是先发给他，听取他的意见。2024年12月，昌明先生来江西九江参加中国茶文化思想与长江文化国际学术研讨会，带来他即将出版的新作《〈茶谱〉辑佚述评》并请我作序。我对《茶谱》素无专门研究，只能作为先睹为快者，写下粗浅的读后感，祝贺昌明先生新作出版。

辑佚之学，“缀辑逸文，搜罗略遍”（章学诚《校雠通义·补郑》），使佚失古籍重见天日，与校勘学、训诂学、考据学、注释学关系密切，是研究中国古代历史和文化的基本功，需要广博的古典文献知识、炉火纯青的功底技艺。因此辑佚工作，非博学之士不能为，非专门之才不能精。然而，现实情形是，一些辑佚不检全书，不审时代，不辨体例，不考源流，成为被诟病的“漏、滥、误、陋”四大弊端。同时，今日辑佚在学术界遭到漠视，甚至被无形贬低，有的高校古籍整理不计学术成果，或者需要折算字数。昌明先生不随波逐流，而是含辛茹苦著成《〈茶谱〉辑佚述评》问世。在如今的学术环境，真是令人振奋，令人敬佩！我不得不感慨，任何时候都有对中国传统文化敬重与执着者。

《茶谱》作者毛文锡生活的五代十国时期，社会激烈动荡，文化形态反倒呈现多元面貌，乱世之际依然没有阻挡茶文化发展的步伐。五代毛文锡《茶谱》是紧接唐代陆羽《茶经》之后最重要的茶书，是以实地考察与文献整理为基础，以巴蜀区域为重点、兼及其他地域的茶书，足以弥补《茶经》茶叶出产之简略，成为研究唐末五代茶史和茶文化的重要文献。《茶谱》也是目前所见中国古代第一部为茶作“谱”的著作，以“布列见其事也”（《释名·释典艺》）为旨归。《茶谱》书名，为明代朱权、钱椿年、顾元庆、曹学佺、朱佑槟，清代朱濂等沿用。其不求面面俱到，重在一隅深入的写作范式，也给予后世茶书作者以启迪。但是，《茶谱》辑佚，颇为不易：一般来说，欲懂其书，先知其人。毛文锡的生平事迹，就有诸多未解密码。他的籍贯，即有高阳（今河北）、南阳（今河南）两说。他早年入仕唐朝，后因战乱入蜀，成为前蜀重臣，又辗转归附后唐，最终效力后蜀孟昶。其跌宕起伏的仕宦生涯，的确“剪不断，理还乱”。《茶谱》的撰写时间不详，其成书背景与写作目的存在可以商讨之处。《茶谱》在宋代被广泛征引，但至元代逐渐散佚，亦有值得质疑之处。清代学者开始辑录逸文，近现代王国维、陈椽等学术大家进行整理，当代陈尚君、朱自振、郑培凯、方健、杨东甫等文史名家也奉献心力。清代以来三百多年，依旧未能窥见全豹。昌明先生毅然投身其中，推进《茶谱》辑佚，体现出学术勇气、责任担当、文化自信。

《〈茶谱〉辑佚述评》虽然未能恢复原作全貌，却在前人的基础上，形成新的辑佚本，推进了《茶谱》的学术研究。该书的学术贡献，拜读再三，略陈管见：

一是全书辑佚，穷尽其极。《〈茶谱〉辑佚述评》凡例，提纲挈领说明编撰旨意。辑佚底本选择善本，参校诸书一一列目。辑佚处理原则，传世无误条目，照原辑出；两者有误，参考多种史料，比对甄别，重新辑出；如有错落、窜入文字，辨析还原。这些做法，基本还是属于辑佚“笨工夫”。但是，该书的“大胆尝试”是仿照唐代陆羽《茶经》汇编列章成集，其目的是“尽可能还原《茶谱》之本来面目”。新辑《茶谱》，凡三千余言，正文分为七部分，即：一、茶之源；二、茶之出；三、茶之造；四、茶之功；五、茶之贡；六、茶之别；七、茶之事。原有辑本，大多诸条依次排列，内容虽涉名茶考录、制茶工艺、茶效与文化，却眉目不甚清晰。新辑之作，面目清新，内容了然。特别是贡茶、非茶之茶，首次进入茶书，更加便于关注。当然，仿《茶经》体例，是否毛文锡本意，或是《茶谱》作者另有高招，还待史料支撑。不过，新的辑本附录，茶之诗文、茶之水，编入其中，则是持之有据。前者系南宋学者晁公武《郡斋读书志》谓《茶谱》“记茶故事，其后附以唐人诗文”。后者系南宋蒲国宝《金堂南山泉铭并序》载“毛文锡作《茶谱》（水品）又增至二十有八”。晁公武为著名目录学家，《郡斋读书志》所录各书为晁氏实藏，典籍介绍，咸有凭据。蒲国宝为恩科状元，“饱饫六艺，淹贯经史”（《蜀中人物志》）。两人都生活在南宋，与巴蜀有缘，其时《茶谱》尚存，记载足以征信。新辑补遗，切近原作。

二是剖析源流，自出机杼。新辑《茶谱》注释翔实，纤毫毕现。每条都细列选自何书，依据何在，追索源出，剖析流向。对于当代研究成果，也择要说明，不掠人之美。而“毛文锡《茶谱》源出”一节，论述《茶谱》撰写、流传、辑佚状况，相当于简明的《茶谱》学术史、传播与接受史。当然，其中还有值得进一步探讨的话题，如《茶谱》亡佚时间，就难断定。毕竟古代信息畅通程度受限，又无全国范围内的图书调查，偶有私家藏书，也未必可知。辑者对《茶谱》多有个人见解，持论平正，一方面论证《茶谱》“是继《茶经》之后的又一部重要茶书”；另一方面，客观指出“今辑《茶谱》诸条已多非毛氏原文，已由宋人以己意改写”。对于毛文锡行状，辑者花费相当笔墨考证，以还历史真相。其史料来源，大多采用公认的信史。如毛氏出生地为河北高阳，采纳《十国春秋》《资治通鉴》这两部重要史籍记载。尤其是关于毛文锡列为“蜀中五鬼”之一，辑者厘清源出，分辨毛氏行迹，揭示原委，为其辩诬，既在情理之中，又有说服力度。为了证实毛文锡与茶的情缘、撰写《茶谱》源起，辑者考证了贯休和茶、贯休与毛氏交谊、贯休称毛文锡为“茶痴”，相关问题，不言自明。至于《茶谱》附录茶之诗文，辑者不仅有史料支持，还细论毛氏作为“花间派”词人的风格与创作，并拈出其可能作诗，虽然作品没有流传，其关注茶诗也在情理之中。

三是评述精当，贯通古今。《〈茶谱〉辑佚述评》的著作名称，显示出“述评”是该书的重要组成。“述评”并非随便臆断，信口开河，而应在史料的基础上，论从史出，论有史据，持论公允，令人信服，经得住历史与时间的检验。以往对《茶谱》的评价，权威的《中国历代茶书汇编校注本》（郑培凯、朱自振主编）的说法最有代表性：“《茶谱》是继陆羽《茶经》之后的一部重要茶学著作，对唐末的茶叶产地、茶种质地、各地名品，提供了详细资料，反映出茶叶种植及品赏在唐末的发展。”（商务印书馆（香港），2007年3月54页）这是基于当时所辑之文的认识。新辑《茶谱》述评时，根据重新辑佚所得新成果，认为“《茶谱》在《茶经》的基础上，大大拓展了茶和茶文化的领域。更为可贵的是，《茶谱》记录下《茶经》问世后至宋以前一百多年间中国茶业、茶文化蓬勃发展的历史”。述评进一步分析道：《茶谱》记载的产茶区较《茶经》更为广泛；《茶谱》第一次记录下数十种影响千年的中国名茶；《茶谱》是继《茶经》之后对茶叶制作技术技艺系统总结记载的茶书；《茶谱》是中国历史上对贡茶第一次作专门记载的茶书；《茶谱》是中国历史上对“非茶之茶”第一次进行专门系统记载的茶书。述评娓娓道来，站在历史高度，揭示《茶谱》的诸多“首创之功”。述评还从新辑的作为《茶谱》附录的茶诗文，探讨了唐末五代中国茶文化的发展。这些都极有见地，是新辑《茶谱》价值所在，也为研究唐末五代茶史提供了新资料与新思路。

任何著作的撰写都会鲜明体现作者的个性，昌明先生的新作同样展现出他一以贯之的醉心原创、开疆拓土的学术态度。《巴蜀茶文学史》是该专题研究的第一本著作，至今尚未见同类型图书。作者广泛搜罗巴蜀地区历代描写或记载茶、茶事活动的诗、词、曲、赋、小说等各种类型的文学作品，遵循思想性和艺术性、文学性和史学性相结合的原则，探讨文学作者及其创作风格的发展演变脉络，尽可能呈现出巴蜀地区各个历史时期茶文学作品、代表性作者、茶文学活动的完整面貌。当茶界多引用西汉王褒《僮约》的只言片语，以论证当时的饮茶状况、茶具出现、茶市兴起时，昌明先生却要寻根究底，投入时间与经历，撰写《僮约校注》，2021年由三秦出版社出版。这本著作让读者了解《僮约》的全貌，了解王褒创作的前因后果，了解当时社会的生活百态，也更好理解《僮约》在茶文化上的地位与价值。从时间与数量来说，昌明先生并非“高产作者”，但他的每一本著作都是“独一份”，都是个性化的，都是茶文化研究独具风采的一片绿叶。著作平实，言之有物，是昌明先生的文字风格。昌明先生的著作集中在专门史、古籍整理的范畴，史料考据与真实性重构承担着至关重要的使命。他在与文献对话时，始终坚持去伪存真，去粗取精，对版本择善而从，对争议详尽考证，论述平实周中，文风不哗众取宠。他致力于逐字逐句的“小事情”，却有真知灼见的大视野。潜精研思，不事张扬，是昌明先生的治学精神。他长期承担学校领导工作，任职过高中、中专、大专、本科各类学校的校长，却没有放松对学术的孜孜以求。“行如风，站如松，坐如钟”，不仅是他的一种姿态标准，也是一种行为准则。在积极参与学校各项决策和管理工作时，昌明先生是具有丰富经验和卓越成就的教育工作者；在需要付出大量心血与汗水的研究时，他又是循规蹈矩、一丝不苟的小心翼翼者。对于著述，他精益求精，虚怀若谷，我的一点陋见，他也认真听取。即使著作出版，他还推敲再三，偶有所得，记录在册，以待再版。在与常人视为枯燥乏味的写作相伴中，他真诚地与古人对话，与前贤交流，享受着“心下快活自省”（宋代黄庭坚《品令·茶词》）。

如今，进入AI时代，茶文化研究也在拥抱新网络与新变革。我们并非需要每一位研究者都从事文献整理，进行古籍辑佚。但是，越是科技发达、工具日新，研究者越要找准自己的坐标，坚守纯心的定位。只要具有高尚的学术情怀，深厚的学术修养，恒定、认真、坚毅的学术精神，将在日新月异的动态中，继续描绘出壮阔的学术图景！

毛文锡《茶谱》虽已散佚，但其残存的吉光片羽弥足珍贵，重新辑佚的著作更是熠熠生辉。在茶文化全球化的今天，重审《茶谱》的价值，既是对历史的致敬，亦是对未来的启迪。拜读《〈茶谱〉辑佚述评》，知其成书难能可贵。抗击疫情期间，昌明先生清心以待，利用静默时间，潜心典籍，爬梳剔抉，历时五年，终得完篇。其诚可感，其行可叹，其志可赞！深有感触，随缀数语：

五年辑佚未投笔，金沥沙淘学有声。

探理真知《茶谱》在，“渴尝一碗绿昌明”。

未来的学术，我们寄望于昌明先生式的用心人，更寄托于伟大的昌明时代！

余　悦

乙巳元宵节于洪都旷达斋

余悦，江西省社会科学院首席研究员，中国茶文化重点学科带头人，浙江大学茶叶研究所特聘教授，国家出版基金项目多卷本《中华茶史》总主编，中国国际茶文化研究会重大文化工程项目、浙江省文化工程重大课题《中华茶文化通史》执行主编、首席专家，《茶艺师国家职业技能标准》编制专家组组长、总主笔。

目录

凡例

一、毛文锡《茶谱》自唐末五代初问世，久佚不传。自宋以来多被学人引录，均以条、章文字散落于各种文献之中，无一完整成书传世。本书以谢维新、虞载《古今合璧事类备要》，陈景沂《全芳备祖》，乐史《太平寰宇记》，吴淑《事类赋注》为基本辑佚本，以晏殊《晏元献公类要》、熊蕃《宣和北苑贡茶录》、唐慎微《经史证类备急本草》、王象之《舆地纪胜》等为参考辑佚本，并借鉴前人方家辑佚成果形成辑佚文稿。谢维新、虞载《古今合璧事类备要》，陈景沂《全芳备祖》，乐史《太平寰宇记》及吴淑《事类赋注》是《茶谱》佚文所载最集中的四大宋本宏著，佚文不仅多，而且条目文字也较翔实。这四大典籍所存《茶谱》佚文均在十条以上，吴淑《事类赋注》多达三十余条。

二、本书辑佚原则是，凡已传世条目与底本无误，照实辑出；凡已传世条目与底本有误，参照多底本和相关史料比对甄别，重新辑出。

三、《茶谱》自宋以后多有人将其作《茶经》之注，《茶谱》文窜入《茶经》之中，今辑佚疏注尽力予以辨析还原。

四、本书首次将毛文锡《茶谱》佚文辑出后汇编列章成集，实为作者尽可能还原《茶谱》本来面目之大胆尝试。

五、本书辑佚《茶谱》茶之文、茶之诗系以南宋学者晁公武《郡斋读书志》谓《茶谱》"记茶故事，其后附以唐人诗文"之述为据，尽可能寻其线索，在佚文中补茶书八则，茶诗十余首。

六、本书辑佚《茶谱》之茶之水系以南宋蒲国宝《金堂南山泉铭并序》谓"毛文锡作《茶谱》（水品）又增至二十有八"之述为据，尽可能寻其线索，仿《茶经》《煎茶水记》尝试补之。

《茶谱》辑佚文

一　茶之源

茶，南方之嘉木也。其树低者二尺三尺，高者五尺六尺。其巴山峡川有两人合抱者，伐而掇之。

茶树如瓜芦，叶如栀子，花如白蔷薇，实如栟榈，蒂如丁香，根如胡桃。[瓜芦木出广州，似茶，至苦涩。栟榈，蒲葵之属，其子似茶，皆下孕。]

其字或从草，或从木，或草木并，[从草当作茶，从木当作樣，草木并作荼。]

其名一曰茶，二曰槚，三曰蔎，四曰茗，五曰荈。[槚，苦茶。蜀西南人谓茶曰蔎，早取为茶，晚取为茗，老曰荈。]

茶有三品：上者生烂石，中者生砾壤，下者生黄土。沫饽者，汤之华也。花之薄者为沫，厚者为饽，细者为花。

二　茶之出

其土产各有优劣：建州，北苑、先春、龙焙；洪州，西山白露、双井白芽、鹤岭；湖州，顾渚紫笋；常州，义兴紫笋、阳羡春；［池州］池阳，凤岭；睦州，鸠坑；宣州，阳坡；剑南，蒙顶石花、露铵芽、篯芽；［虔州］南康，云居；峡州，碧涧、明月；［绵州］东川兽目；福州，方山露芽；寿州，霍山黄芽。皆茶之极品也。

彭州：彭州有蒲村、堋口、灌口，其园名仙崖、石花等，其茶饼小而布嫩芽，如六出花者尤妙。

［茂州］：玉垒关外宝唐山有茶树，产于悬崖，笋长三寸五寸，方有一叶两叶。

雅州：雅州百丈、名山二者［茶］尤佳。

［蒙山］：山有五顶，顶有茶园，中顶曰“上清峰”，所谓“蒙顶茶”也，为天下所称。

绵州：绵州龙安县生松岭关者，与荆州同，其西昌、昌明、神泉等县，连西山生者并佳，独松岭上者不堪采撷。

［荆州］：当阳县清溪山仙人掌茶，李白有诗。

涪州：涪州出三般茶，宾化最上，制于早春；其次白马；最下涪陵。

［常州］：义兴有紫笋、阳羡春，有㴩湖之含膏。

［苏州］：长洲县生洞庭山者，与金州、蕲州、梁州味同。

杭州：杭州临安、於潜二县生天目山者，与舒州同。

睦州：睦州之鸠坑极妙。生凤亭山飞云、曲水二寺，青岘、啄木二岭者，与寿州同。

［福州］：柏岩极佳。

剑南有蒙顶石花，湖州有顾渚紫笋，峡州有碧涧、明月。

扬州：扬州禅智寺，隋之故宫，寺枕蜀冈，有茶园，其味甘香如蒙顶也。又歙州牛栊岭者尤好。

洪州：洪州西山之白露、双井白芽及鹤岭茶极妙。

越州：越州余姚茶生瀑布岭者，号曰“仙茗”。大者殊异，小者与襄州同。

容州：容州黄家洞有竹茶，叶如嫩竹，土人作饮，甚甘美。

三　茶之造

［雅州］：蒙顶有研膏茶，作片进之，亦作紫笋。

今蒙顶茶有露锬芽、篯芽，皆云火前，言造于禁火之前。

蒙山有压膏露芽、不压膏露芽并冬芽，言隆冬甲坼也。

眉州：眉州洪雅、昌阖、丹棱，其茶如蒙顶制饼茶法，其散者叶大而黄，味颇甘苦，亦片甲蝉翼之次也。

邛州：邛州之临邛、临溪、思安、火井数邑，有早春、火前、火后、嫩绿、黄芽等上中下茶。

邛、临数邑，茶有火前、火后、嫩绿、黄芽等号，又有火番饼，每饼重四十两，入西蕃党项，重之如中国名山者，其味甘苦。

蜀州：蜀州晋原、洞口、横源、味江、青城，其横源雀舌、鸟嘴、麦颗，盖取其嫩芽所造，以其芽似之也。又有片甲者，即是早春黄芽，芽叶相抱如片甲也；蝉翼者，其叶嫩薄如蝉翼也，皆散茶之最上也。

［绵州］：龙安有骑火茶，最上。言不在火前、不在火后作也。清明改火，故曰火。

［渠州］：渠江薄片，一斤八十枚。

婺州：婺州有举岩茶，斤片方细，所出虽少，味极甘芳，煎如碧乳也。

［福州］：方山之芽及紫笋，片大极硬，须汤浸之方可碾。极治头痛，江东老人多味之。

［宣州］：宣城县有茶山，其东为朝日所烛，号曰“阳坡”，其茶最胜，形如小方饼，横铺茗芽其上。太守常荐之京洛人士，题曰“丫山阳坡横纹茶”。杜牧《茶山诗》云：“山实东吴秀，茶称瑞草魁。”

袁州：袁州之界桥［茶］，其名甚著，不若湖州之研膏紫笋，烹之有绿脚垂下，故公淑赋云：“云垂绿脚。”

衡州：衡州之衡山，封州之西乡，茶研膏为之，皆片团如月。

蕲州：蕲州团黄有一旗二枪之号，其言一叶二芽也。

四　茶之功

泸州：泸州有茶树，夷獠常携瓢置其侧，每登树采摘芽茶，必含于口，待其展，然后置于瓢中，旋塞其窍。归必置于暖处，其味极佳。又有粗者，其味辛而性热，彼人云“饮之療风”，通呼为泸茶。

［福州］：方山之芽及紫笋，片大极硬，须汤浸之方可碾。极治头痛，江东老人多味之。

鄂州：鄂州之东山、蒲圻、唐年县大［茶］，黑色如韭，叶极软，治头痛。

［潭州］：长沙之石楠，其树如棠、柟，采其芽，谓之茶。湘人以四月四日摘杨桐草，捣其汁，拌米而蒸，犹糕糜之类。必啜此茶，乃其［去］风也，尤宜暑月饮之。

忠州：忠州之南宾，有四国：一多陵，二多婆，三罗波，四思龙，皆方饼。惟多陵最上，饭后饮之消食，空腹忌饮。多婆次之，二国下。

五　茶之贡

［渝州］：南平县狼猱山茶黄黑色，渝人重之，十月采贡。

峡州：峡州石上紫花芽，理生头痛，年贡一斤。又有小江［园］、明月簝、碧涧簝、茱萸簝之名。

湖州：湖州长兴县啄木岭金沙泉，即每岁造茶之所也。湖、常二郡接界于此。厥土有境会亭，每茶节，二牧皆至。斯泉也，处沙之中，居常无水。将造茶，太守具仪注拜敕祭泉，顷之，发源，其夕清溢。造供御者毕，水即微减；供堂者毕，水已半之；太守造毕，即涸矣；太守或还旆稽期，则示风雷之变，或见鸷兽、毒蛇、木魅焉。

［舒州］：怀宁县多智山，其山有茶及蜡，每年民得采撷为岁贡。秋夏时有毒蛇、沙虱，人不敢登。

六 茶之别

茶之别者，枳壳芽、枸杞芽、枇杷芽，皆治风疾。又有皂荚芽、槐芽、柳芽，乃上春摘其芽，和茶作之。五花茶者，其片作五出花也。

容州黄家洞有竹茶，叶如嫩竹，土人作饮，甚甘美。

长沙之石楠，其树如棠、柟，采其芽，谓之茶。湘人以四月四日摘杨桐草，捣其汁，拌米而蒸，犹糕糜之类。必啜此茶，乃其［去］风也。尤宜暑月饮之。

鄂州之东山、蒲圻、唐年县大［茶］，黑色如韭，叶极软，治头痛。

南平县狼猱山茶黄黑色，渝人重之，十月采贡。

七 茶之事

唐陆羽著《茶经》三卷。

唐肃宗尝赐高士张志和奴、婢各一人，志和配为夫妻，名之曰渔童、樵青。人问其故，答曰："渔童使捧钓收纶，芦中鼓枻；樵青使苏兰薪桂，竹里煎茶。"

胡生者，以钉铰为业，居近白蘋洲。傍有古坟，每因茶饮，必奠酹之。忽梦一人谓之曰："吾姓柳，平生善为诗而嗜茗。感子茶茗之惠，无以为报，欲教子为诗。"胡生辞以不能，柳强之，曰："但率子意言之，当有致矣。"生后遂工诗焉，时人谓之"胡钉铰诗"。柳当是柳恽也。

真茶性极冷，惟雅州蒙山出者温而主疾。蜀之雅州名山曰蒙山，山有顶，顶有茶园，其中顶曰上清峰。昔有僧病冷且久，尝遇老父询其病，僧具告之。父曰："何不饮茶？"僧曰："本以茶冷，岂有能止乎？"父曰："是非常茶，仙家有雷鸣茶，亦有闻乎？"僧曰："未也。"父曰："蒙之中顶茶，当以春分之先后，多构人力，俟雷之发声，并手采摘之，以多为贵，至三日乃止。若获一两，以本处水煎服，能祛宿疾。二两，当眼前无疾。三两，固以换骨。四两即为地仙矣。"但精洁治之，无不效者。僧因之中顶，筑室以俟。及期，获一两余，服未竟而病瘥。既不能久及博求，但精健至八十有余，气力不衰。时到城市，观其貌，若年三十余，眉发绀绿。后入青城，不知所终。今四顶茶园采摘不废，唯中顶草木繁茂，重云积雾，蔽亏日月，鸷兽时出，人迹稀到矣。

觉林僧志崇，收茶三等，待客以“惊雷荚”，自奉以“萱草带”，供佛以“紫茸香”。赴茶者以油囊盛余沥归。

甫里先生陆龟蒙，嗜茶荈，置小园于顾渚山下，岁入茶租，薄为瓯蚁之费。自为《品第书》一篇，继《茶经》《茶诀》之后。

抚州有茶衫子纸，盖裹茶为名也，其纸长而相连。自唐以来，礼部每年给明经帖书。

傅巽《七诲》云：“蒲桃、宛奈、齐柿、燕栗、常阳黄梨、巫山朱橘、南中茶子、西极石蜜。寒温既毕，应下霜华之茗。”

附一　茶之诗文

陆羽《茶经》三卷。

皎然《茶诀》。

陆龟蒙《品第书》一篇。

张又新《煎茶水记》。

裴汶《茶述》。

苏廙《十六汤品》。

顾况《茶赋》。

温庭筠《采茶录》。

李白《答族侄僧中孚赠玉泉仙人掌茶（并序）》。

陆龟蒙《奉和袭美茶具十咏》。

皮日休《茶中杂韵》。

陆羽《六羡歌》。

杜牧《题茶山》。

卢仝《走笔谢孟谏议寄新茶》。

皎然《饮茶歌诮崔石使君》。

杜甫《重过何氏五首》（之三）。

元稹《一七令·茶》。

白居易《谢李六郎中寄新蜀茶》。

刘禹锡《西山兰若试茶歌》。

温庭筠《西陵道士茶歌》。

贯休《桐江闲居作十二首》（之三）。

齐已《咏茶十二韵》。

附二　茶之水

（一）陆羽《茶经》云："其水，用山水上，江水中，井水下。其山水，拣乳泉、石池漫流者上，其瀑涌湍漱勿食之，久食，令人有颈疾。又多别流于山谷者，澄浸不泄，自火天之霜郊以前，或潜龙蓄毒于其间，饮者可决之，以流其恶，使新泉涓涓然，酌之。其江水，取去人远者，井水取汲多者。”

（二）张又新《煎茶水记》在刘伯刍品七水上，列水品二十：

庐山康王谷水帘水第一。

无锡县惠山寺石泉水第二。

蕲州兰溪石下水第三。

峡州扇子山下有石突然，泄水独清冷，状如龟形，俗云虾蟆口水第四。

苏州虎丘寺石泉水第五。

庐山招贤寺下方桥潭水第六。

扬子江南零水第七。

洪州西山西东瀑布水第八。

唐州柏崖县淮水源第九。

庐州龙池山岭水第十。

丹阳县观音寺水第十一。

扬州大明寺水第十二。

汉江金州上游中零水第十三。

归州玉虚洞下香溪水第十四。

商州武关西洛水第十五。

吴松江水第十六。

天台山西南峰千丈瀑布水第十七。

郴州圆泉水第十八。

桐庐严陵滩水第十九。

雪水第二十。

（三）蜀地好水

雅州蒙顶山蒙泉。

峨眉山玉液泉。

《茶谱》辑佚注释

一　茶之源[1]

茶[2]，南方之嘉木[3]也。其树低者二尺[4]三尺，高者五尺六尺。其巴山峡川[5]有两人合抱者，伐而掇之[6]。

茶树如瓜芦[7]，叶如栀子[8]，花如白蔷薇[9]，实如栟榈[10]，蒂如丁香[11]，根如胡桃[12]。［瓜芦木出广州，似茶，至苦涩。栟榈，蒲葵[13]之属，其子似茶，皆下孕[14]。］

其字或从草，或从木，或草木并，［从草当作茶，从木当作槚，草木并作荼[15]］。

其名一曰茶，二曰槚[16]，三曰蔎[17]，四曰

茗[18]，五曰荈[19]。［槚，苦荼[20]。蜀西南人谓茶曰蔎[21]，早取为茶，晚取为茗，老曰荈[22]。］

茶有三品[23]：上者生烂石[24]，中者生砾壤[25]，下者生黄土[26]。沫饽[27]者，汤之华[28]也。花之薄者为沫，厚者为饽，细者为花[29]。

辑佚

“茶，南方之嘉木也”“茶树如瓜芦”“其字或从草”“其名一曰茶”四条辑自《古今合璧事类备要》外集卷四二、《全芳备祖》后集卷二八、杨慎《谭苑醍醐》卷七以及陈鸿墀《全唐文纪事》卷四六。

《古今合璧事类备要》外集卷四二云：“茶，南方嘉木也，其树低者二尺三尺，高者五尺六尺。其巴山峡川有两人合抱者，伐而掇之。其树如瓜芦，叶如栀子，花如白蔷薇，实如栟榈，叶如丁香，根如胡桃。［瓜芦木出广州，似茶，至苦涩。栟榈，蒲葵之属，其子似茶，皆下孕。］其字或从草，或从木，或草木并，［从草当作茶，从木当作樤，草木并作荼。］其名一曰茶，二曰槚，三曰蔎，四曰茗，五曰荈。［槚，苦荼。蜀西南人谓茶曰蔎，早取为茶，晚取为茗，老曰荈］。”

《全芳备祖》后集卷二八云：“一曰茶，二曰槚，

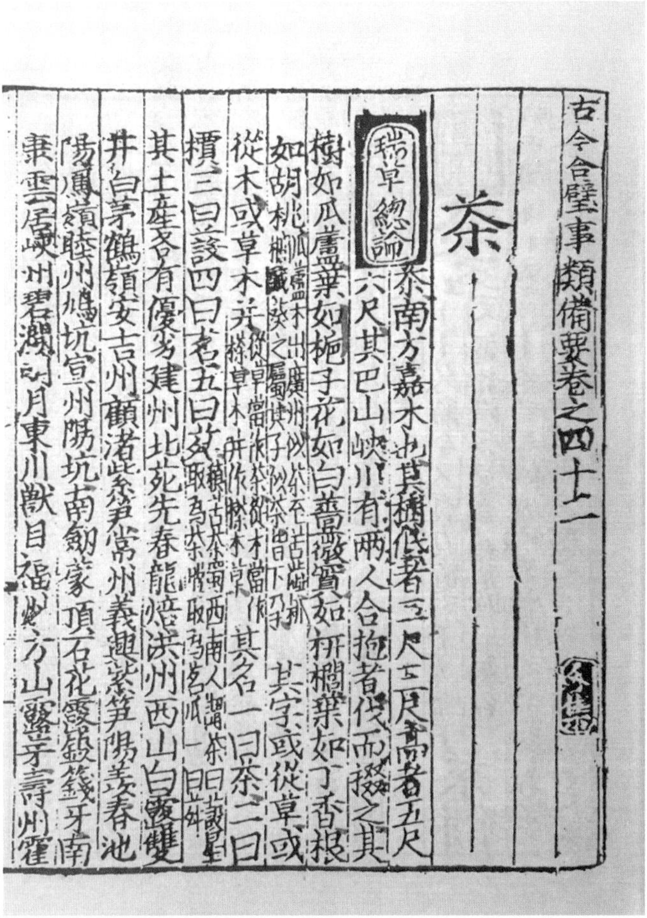
古今合壁事類備要卷之四十一

茶

格物總論

茶南方嘉木也其樹低者三尺五尺高者五尺六尺其巴山峽川有兩人合抱者伐而掇之其樹如瓜蘆葉如梔子花如白薔薇實如栟櫚葉如丁香根如胡桃（瓜蘆木出廣州似茶至苦澀栟櫚蒲葵之屬其子似茶胡桃與茶根皆下孕）其字或從草或從木或草木并（從草當作茶從木當作榺草木并作荼）其名一曰茶二曰檟三曰蔎四曰茗五曰荈（周公云檟苦荼楊執戟云蜀西南人謂茶曰蔎郭弘農云早取為茶晚取為茗或一曰荈耳）其土產各有優劣建州北苑先春龍焙洪州西山白露雙井白芽鶴嶺安吉州顧渚紫筍常州義興紫筍陽羨春池陽鳳嶺睦州鳩坑宣州陽坑南劍蒙頂石花露鋑籛芽南康雲居峽州碧澗明月東川獸目福州方山露芽壽州霍

《古今合壁事类备要》外集，中国国家图书馆藏宋刻本载：『茶，南方嘉木也……其土产各有优劣，建州北苑先春龙焙……』

文章狀物

嵇含南方草木狀云檳榔樹皮似青桐節如桂竹下本不大上枝不小稠直亭亭千萬若一森秀無柯端頂有葉仰望眇眇如插叢蕉於竹杪風至獨動似舉羽扇之掃天兪益期與韓康伯牋云檳榔木大者三圍高者九丈葉聚樹端房栖葉下華秀房中子結房外其擢穗似黍其綴實似櫟其皮似桐而厚其節似竹而槪其中空其外勁其屈如履虹其伸如縋繩步其林則寥朗庇其蔭則蕭條此分明畫檳榔圖也毛文錫茶譜云茶樹如瓜蘆葉如梔子花如白薔薇實如栟櫚葉如丁香根如胡桃白居易荔枝圖序云荔枝樹形團團如帕蓋葉如桂冬青華如橘春榮實如丹夏熟朵如蒲桃核如枇杷殼如紅繒膜如紫綃瓤肉瑩白如冰雪漿液甘酸如醴酪大略如彼其實過之若離本枝一日而色變二日而香變三日而味變四五日外色香味盡去矣此分明爲二物傳神也傳肱蟹譜云蟹鶻眼蠘足蛭腦蝟腹其爪類拳丁其螯類執鉞生子濟鄆者其色紺紫產於江南者其色青白眞如繪蟹爲宋以後人豈能爲此等語乎

《谭苑醍醐》，商务印书馆丛书集成初编（据函海）刊本

载毛文锡《茶谱》云：『茶树如瓜芦，叶如栀子，花如白蔷薇，……』

《全唐文纪事》，清同治十二年方功惠碧琳琅馆刻本载毛文锡《茶谱》云：『茶树如瓜芦，叶如栀子，花如白蔷薇，……』

貘者象鼻犀目牛尾虎足生南方山谷中寢其皮辟瘟圖其形辟邪予舊病頭風每寢息常以小屏衛其首適遇畫工偶令寫之按山海經此獸食鐵與銅不食他物因有所感遂爲讚曰 貘屏讚序 白氏長慶集

壽安令白旻子宗兄也得丹青之妙傳寫之要毛羣翦族尤是所長長慶元年以畫雕貺予予愛之因題讚云 畫雕讚序 白氏長慶集

毛文錫茶譜云茶樹如瓜蘆葉如梔子花如白薔薇實如栟櫚葉如丁香根如胡桃白居易荔枝圖序云荔枝

三曰蔎，四曰茗，五曰荈。”

杨慎《谭苑醍醐》卷七：“毛文锡《茶谱》云：‘茶树如瓜芦，叶如栀子，花如白蔷薇，实如栟榈，叶如丁香，根如胡桃。’”

陈鸿墀《全唐文纪事》卷四六云：“毛文锡《茶谱》云：‘茶树如瓜芦，叶如栀子，花如白蔷薇，实如栟榈，叶如丁香，根如胡桃。’”

《古今合璧事类备要》外集卷四二所记此段未明确说源自《茶谱》，就全段内容看，似源自《茶经》，但细细品读，又会发现与《茶经》略有不同。杨慎《谭苑醍醐》和陈鸿墀《全唐文纪事》对茶树描写的这段记载都明确说引自《茶谱》。故综合三书所记辑出上条，作为《茶谱》之开卷语。

“茶有三品”条辑自《全芳备祖》后集卷二八。

《全芳备祖》后集卷二八云：“茶有三品：上者生烂石，中者生砾壤，下者生黄壤。沫饽者，汤之华也。花之薄者为沫，厚者为饽，细者为花。陆羽《茶经》。”查《茶经》，仅有“上者生烂石，中者生砾壤，下者生黄土”句，其余均无。故疑此条为《茶谱》引《茶经》内容补成。故辑出。

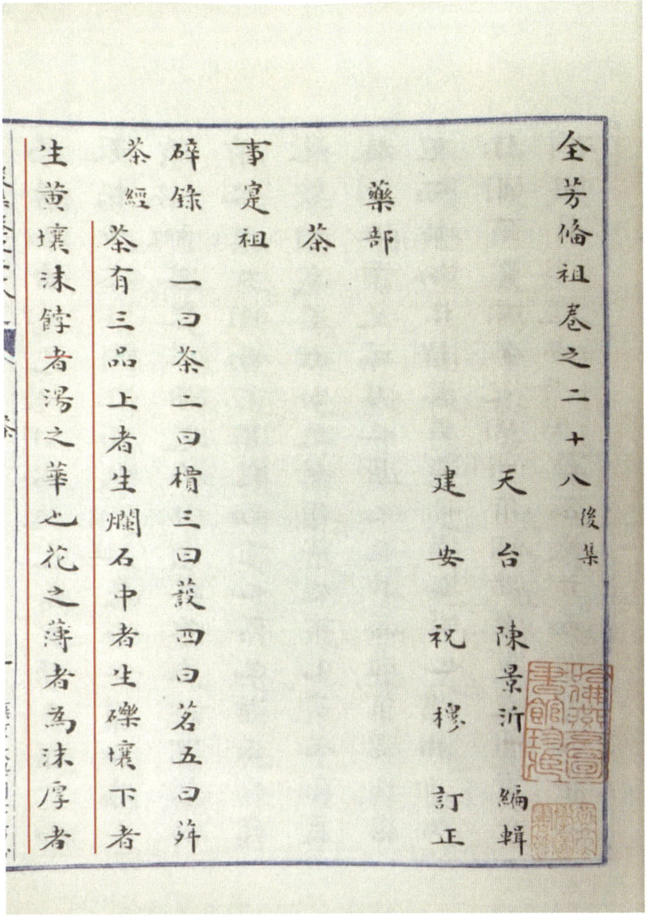

全芳備祖卷之二十八 後集

天台 陳景沂 編輯

建安 祝穆 訂正

藥部

茶

事寔祖

碎錄 一曰茶二曰檟三曰蔎四曰茗五曰荈

茶經 茶有三品上者生爛石中者生礫壤下者生黃壤沫餑者湯之華也花之薄者為沫厚者

《全芳备祖》，燕京大学图书馆藏宋钞本载《茶经》『茶有三品……』，与《茶经》内容有异，疑为《茶谱》所载。

注释

（1）茶之源：源，从水，从原，水始出谓之源。本意为最初的、开始的，喻指源头、发源。这里指茶的源头、起源。经考古和植物分类学方法追根溯源，茶树起源至今已有6000万年至7000万年的历史。中国是茶树的原产地，中国的西南地区则是茶树的原产地中心区，这里所说的西南地区，对应今天的行政区域大致包括重庆、四川、贵州全部及陕西南部、云南大部、湖北西部、湖南西部、甘肃东南部。由于地质变迁及人为栽培，茶树遍及全国宜茶地区，并逐渐传播到世界各地。中国也是世界最早发现和利用茶树的国家。有文字记载表明，我们的祖先早在3000年前就已经开始栽培和利用茶树。陆羽和毛文锡都言茶树为“南方之嘉木”，即认为茶树的源头在南方（指秦岭以南的广大地区），并进一步指出“巴山峡川有两人合抱者”。“两人合抱者”显然指乔木型野生大茶树。著名茶文化学者朱自振先生提出：“有人估计，两人合抱的茶树，其树龄总在千年以上，大多应该都是战国以前生长的茶树，据此，当可以肯定，‘巴山、峡川’，无疑也是我国茶树原始分布的一个中心。”[1]迄今四川、重庆、湖北、云南、贵州，仍存在大量野生大茶树。陆羽和毛文锡笔下的

“巴山峡川”，正是茶树的原产地之一。从今天的研究来看，陆羽和毛文锡1000多年前的看法是基本正确的。这里不仅是茶树原产地中心之一的地区，而且也是认识发现和利用茶最早的地区。被誉为“当代茶圣”的吴觉农在他的《茶经述评》中说：“现已可证明：茶树原产地是在我国的西南地区，而在战国时代以前的历史条件下，还不可能把西南地区的茶叶传播到中原地区……”[2]他又说：“……茶树最早为中国人所发现，茶叶最先为中国人从药用变为饮用，茶树最早为中国人由野生变为园栽，茶叶和茶种最早由中国传播至世界各地，茶树原产地也在中国的西南地区，则是毋庸置疑的。”[3]这些地区也正是古代巴人和蜀人活动的主要地区，即巴蜀文化区。朱自振先生通过对古巴蜀文化的考古研究认为：“我国的饮茶起源和茶业初兴的地方，是在古代巴蜀或今天四川的巴地和川东。”[4]朱自振先生肯定地认为：“巴蜀是我国和全世界茶业和茶文化的摇篮。”[5]朱自振先生的这一研究结论已成为当今茶学界、茶文化界的共识——茶的源头在巴蜀。

❶ 朱自振:《茶史初探》,中国农业出版社,1996年,第20页。
❷ 吴觉农:《茶经述评》,中国农业出版社,2005年,第3页。
❸ 吴觉农:《茶经述评》,中国农业出版社,2005年,第15页。
❹ 朱自振:《茶史初探》,中国农业出版社,1996年,第18页。
❺ 朱自振:《茶史初探》,中国农业出版社,1996年,第27页。

（2）茶（学名Camellia sinensis（L.）O. Ktze.）：植物名，山茶科，多年生深根常绿植物，有乔木型、半乔木型和灌木型之分。叶型为长椭圆形，边缘呈锯齿。一般秋末开花，花白色，种子为棕褐色，有硬壳。嫩叶经人工加工即可以作为饮用的茶叶。

（3）南方：历史上很多时期基本上以秦岭山脉、淮河以南地区称为南方，以北称之为北方。现今中国也以此作为中国地理划分南北方的依据。唐贞观年间分天下为十道，南方泛指当时的山南道、淮南道、江南道、剑南道、岭南道所辖地区。五代十国时期至北宋，政权分立，其道划分不明。从今行政区划看，古时“南方”应包括今四川、重庆、湖北、湖南、江西、安徽、江苏、上海、浙江、福建、广东、广西、贵州、云南、海南、台湾以及陕西、河南两省南部等地区。这些地区多为唐、五代及宋时中国之茶区，今天，这些地区仍是中国重要的产茶区。

嘉木：优良树木。嘉，形声字。《说文》：“嘉，美好。从壴，加声。”《诗·豳风·东山》：“其新孔嘉，其旧如之何？”[6]《尔雅·释诂》云：“嘉，美也。嘉木者，木之美者也。”以嘉誉木，颂誉其木。北

[6] 王秀梅译注：《诗经》，中华书局，2016年，第207页。

宋苏轼曾称茶为“嘉叶”，赞美茶之美好。

（4）尺：历代尺量度标准不同，古代的“尺”与现代“尺”的长度差距较大。中国古代度量长度的尺，最早见于商代，传世商尺约合今13—17厘米。1931年河南洛阳金村古墓出土的铜尺与“商鞅量尺”互为佐证，可知东周一尺长约23厘米左右。

西汉尺今已出土有八支，实测长度均在23—23.6厘米之间，平均每尺长23.2厘米。东汉尺今已出土有40余支，实测长度约在23—24厘米之间，平均长为23.4厘米。南北朝时期尺有较大增长，南朝末期增长至30厘米左右。唐代留存至今的各种尺近50支，分为大尺和小尺，一般用大尺，其长度多在29—30厘米。宋代沿袭唐制，官尺每尺长约31.6厘米。毛文锡记载的尺，其长度应基本上与唐相同，也就是说与陆羽笔下的尺应该大体相当。但陆羽《茶经》记茶树的高度是“一尺二尺，乃至数十尺”，而毛文锡《茶谱》中记茶树的高度则是“低者二尺三尺，高者五尺六尺”。《茶经》中茶树的“低”比《茶谱》中茶树的“低”更“低”，低至一尺；《茶经》中茶树的“高”比《茶谱》中茶树的“高”更“高”，高至“数十尺”，而《茶谱》中记载的仅为“五尺六尺”。两相比较，《茶经》记载的茶树的高度比《茶谱》表达得更准确。近年来在中国西南地区（云南、四川、贵州）发现众多野生大茶树，树高十米以上者极多，最高达三十多米。陆羽的高至“数十尺”的表达比较准确。毛文锡《茶谱》中说高者“五尺六尺”，比陆羽记载的茶树低很多，显然不如陆羽《茶经》表达准确。

（5）巴山峡川：巴山，即大巴山，位于中国西部，陕西、四川、重庆、湖北四省市交界地区。大巴山是嘉陵江和汉江的分水岭，四川盆地和汉中盆地的地理界山，东西绵延500多公里，有“千里巴山”之谓。峡，一指今重庆、湖北两省市交界处的三峡；二指古峡州，位于三峡口，所在地为今湖北宜昌。此处巴山峡川，泛指今四川东部、重庆、湖北西部地区，这一带至今仍保存有大量野生大茶树。

（6）伐而掇之：伐，砍下枝条。《诗经·周南·汝坟》：“伐其条枚。”掇，拾捡，拾取。将大茶树的树枝砍下来，再采摘茶叶。

（7）瓜芦：又名皋芦，皋卢，分布于中国南方的一种树叶似茶树叶的树木，其叶味苦，具有清热除烦、止渴明目之功效。东晋裴渊《广州记》：“西平县出皋芦，茗之别名，叶大而涩，南人以为饮。”[7]《南越志》云："茗，苦涩。亦谓之过罗。"[8]明李时珍《本草纲目》曰："皋芦叶状如茗，而大如手掌。挼碎泡饮，最苦而色浊，风味比茶不及远矣。"[9]唐代皮日休《吴中苦雨因书一百韵寄鲁望》有句云："用以阅幽奇，岂能资口福。十分煎皋卢，半榼挽醽醁。"可见唐时已有人将皋芦叶作茶煮饮。

[7] 陈祖椝、朱自振：《中国茶叶历史资料选辑》，中国农业出版社，1981年，第205页。

[8] 陈祖椝、朱自振：《中国茶叶历史资料选辑》，中国农业出版社，1981年，第206页。

[9] [明]李时珍：《本草纲目》，湖北教育出版社，2019年，第1810页。

（8）栀子：属茜草科，常绿灌木或小乔木，夏季开白花，味清香，叶对生，长椭圆形，近似茶叶，果实为传统中药。分布于中国南方广大地区。

（9）白蔷薇：属蔷薇科。落叶灌木，枝茂多刺，高四五尺。夏初开花，花五瓣而大，花冠似茶花，中国各地均有栽培。

（10）栟榈：即棕榈，属棕榈科。清段玉裁《说文解字注》："栟榈，椶也。"椶，即棕，与蒲葵同属棕科，核果似球形，淡蓝黑色，有白粉，近似茶籽，内实而稍小。

（11）丁香：属桃金娘科，香料植物，原产于热带，中国南方有栽培，且品种很多。

（12）胡桃：属核桃科，深根植物，与茶树一样主根向土壤深处生长，根常达两三米以上。

（13）蒲葵：属棕榈科，常绿乔木，叶大，多掌状分裂，可做扇子，俗称蒲扇。晋嵇含《南方草木状》卷上："蒲葵如栟榈而柔薄，可为葵笠。出龙川。"

（14）下孕：指植物根系在土壤中往地下深处发育生长。

（15）荼：《茶经》的注文是从草，当作"茶"，其字出《开元文字音义》；从木，当作"搽"，其字出《本草》；草木并，作"荼"，其字出《尔雅》。这里所引《茶经》内容，略有出入，并且未标明三层意思的不同出处，将其全归为《本草》，又将《本草》误作《草本》。

《开元文字音义》是唐玄宗开元二十三年（735）编成的一部字书，三十卷，已佚。清代黄奭《汉学堂丛书经解·小学类》辑存一卷，汪黎庆《学术丛编·小学丛残》中亦有收录。此书中已有"搽"字，在陆羽《茶经》成书之前二十五年。有人认为《开元文字音义》始出"茶"字，比陆羽《茶经》早了二十五年。据考，在《茶经》之前，确有"茶"字出现，但未广泛使用。南宋蜀人魏了翁在《邛州先茶记》中说："惟自陆羽《茶经》、卢仝《茶歌》、赵赞《茶禁》以后，则遂易荼为茶。”此说不够准确。

《本草》：指唐代高宗显庆四年（659）李勣、苏敬等编撰的《新修本草》（今称《唐本草》），已佚。今存宋唐慎微《经史证类备急本草》中有引用。日本有《新修本草》抄写本残卷，清傅云龙《籑喜庐丛书》之二中收有日本多本残卷，有上海群联出版社1955年影印本。敦煌文献分类录校丛刊《敦煌药文献辑校》也录有敦煌多本残卷，江苏古籍出版社1999年出版。“从木，当作梌”，后见魏张辑《埤仓》，隋陆法言《切韵》曾收入，并非出自唐《新修本草》。

《尔雅》：中国最早的字书，共十九篇，为考证词义和古代名物的重要工具书。相传为周公所撰，或谓孔子门徒解释六艺之作。今多认为此书系秦汉间经师缀辑周以来诸书旧文而成，非出于一人之手，亦未必是周公、孔子门徒之作。

（16）槚（jiǎ）：本意为楸树，与梓同类。此作茶之别名。

（17）蔎（shè）；本为一种香草。南朝梁顾野王《玉篇》卷一三：“蔎，香草也。”此作茶之别名。唐陆羽《茶经·七之事》引《方言》：“蜀西南人谓茶曰薮。”[10]

（18）茗（míng）：北宋徐铉注《说文》作为新附字补入，注为：“茶芽也。”三国吴陆玑《毛诗草木鸟兽虫鱼疏》卷上：“椒树似茱萸……蜀人作茶，吴人作茗，皆合煮其叶以为香。”据此，一般认为“茗”字作为茶名来自长江中下游，后成为主要的茶名。

（19）荈（chuǎn）：西汉司马相如《凡将篇》以“荈诧”叠用代表茶名。三国时有“茶荈”二字连用，《三国志·吴书·韦曜传》：“曜素饮酒不过二升，初见礼异时，常为裁减，或密赐茶荈以当酒。”[11]茶荈代酒，荈应是指茶饮料。西晋杜育《荈赋》问世后，“荈”字在很长一段时期作为主要的茶名，今已少用。

（20）“槚，苦茶”句：此句《茶经》注释曰：“周公云，槚，苦茶。”这里略去“周公云”。周公，姬姓，名旦，周文王姬昌之子，周武王姬发之弟，武王死后，辅佐成王，改定官制，制作礼乐，完善了周朝的典章文物，因其采邑在成周，爵为上公，故称周公，《史记·鲁周公世家》有载。“周公云”，指《尔雅》，因有传《尔雅》为周公所作，《尔雅·释木》：

[10] 沈冬梅、陈伟明：《茶经·随园食单》，中华书局，2016年，第99页。

[11] ［晋］陈寿：《三国志》，中华书局，1971年，第4509页。

[12] 杨天才译注：《周易》，中华书局，2016年，第295页。

“槚，苦茶。”此以误传误。

（21）“蜀西南人谓茶曰蔎”句：此句《茶经》注释曰：“扬执戟云：‘蜀西南人谓茶曰蔎。’”这里略去“扬执戟云”。扬执戟即扬雄（前53—18），西汉文学家、哲学家、语言学家，字子云，蜀郡成都人，曾任黄门郎。汉代郎官都要执戟护卫宫廷，故称扬执戟。

（22）“早取为茶，晚取为茗，老曰荈”句：此句《茶经》注释曰：“郭弘农云‘早取为茶，晚取为茗，或一曰荈’。”这里略去“郭弘农云”。郭弘农，即郭璞（276—324），字景纯，河东郡闻喜县（今山西闻喜）人，东晋文学家、训诂学家。曾仕东晋元帝为著作佐郎，明帝时因直言而为王敦所杀，后追赠弘农太守，故称郭弘农。博学多识，曾为《尔雅》《楚辞》《山海经》《方言》等书作注。《晋书》卷七二有传。“郭弘农云”，指郭璞《尔雅注》“槚，苦荼”云：“树小似栀子，冬生叶，可煮羹饮，今呼早取为茶，晚取为茗，或一曰荈耳，蜀人名之苦荼。”“或一曰荈”，这里作“老曰荈。”

（23）三品：三种、三类、三等之谓也。《周易·巽卦》：“六四，悔亡，田获三品。《象》曰：‘田获三品’，有功也。”[12]指田猎时获得三种猎物。

《书·禹贡》："厥贡惟金三品。"孔传："金、银、铜也。"孔颖达疏："郑玄以为金三品者，铜三色也。"《太平广记》卷四〇一引宋孙光宪："巴巫间，民多积黄金，每有聚会，即于席上罗列三品，以夸尚之。""三品"一词从古至今还广泛运用于政治、经济、医药、宗教、艺术等等，成为多种领域之术语。"三品"作中国画术语，指评品书画艺术的三个等级，即神品、妙品、能品。唐代张怀瓘《书议》评历代书法家，立神、妙、能三品，源于南朝梁庾肩吾《书品》的上、中、下三等。这里是把茶分为三个等次。

（24）烂石：烂，指食物或瓜果熟透后的酥软状态。烂石，指山石经过长期风化以及自然冲刷的作用而形成，大多呈杂乱堆垛状态。石隙间集聚着腐殖质和矿物质，排水性能好，土壤肥沃，茶树生长需克服各种不利条件，其茶为上。

（25）砾壤：地质学上指颗粒直径大于2毫米的岩石和矿物碎屑，由暴露在地表的岩石经风化作用而成，常沉积在山麓和山前地带。排水透气性能较好，含腐殖质不多，肥力中等，生长在这种土质上的茶树品质一般，其茶为中。

（26）黄土：指黄壤和红壤，土层深厚，粘性强，含腐殖质和茶树需要的矿物元素少，肥力低。生长在这种土质上的茶树最差，其茶为下。

（27）沫饽：茶水煮沸时产生的浮沫。唐陆羽《茶经·五之煮》："凡酌，置诸盌，令沫饽均，沫饽，汤之华也。华之薄者曰沫，厚者曰饽，细轻者曰花。"[13]

（28）汤之华：有人解"汤之华"为"茶汤之精华"，其解较为抽象。汤之华，应该是肉眼可视的茶汤泛起的"泡沫花"。

（29）"沫""饽""花"：茶汤泡沫花的三种状态，泡沫花薄者叫沫，泡沫花厚者叫饽，泡沫花细轻者叫花。

[13] 沈冬梅、陈伟明：《茶经·随园食单》，中华书局，2016年，第75页。

上 云南镇沅县九甲乡千家寨野生大茶树（拍摄者：丁鑫鑫）

下 云南临沧市凤庆县小湾镇锦绣村野生大茶树（拍摄者：丁鑫鑫）

左上　四川大邑雾中山野生大茶树（拍摄者：张雅琪）

右上　四川崇州鸡冠山野生大茶树（拍摄者：张雅琪）

左下　韩国智异山古茶树群

右下　距今约6000年的人工种植茶树根，浙江省余姚市田螺山遗址出土

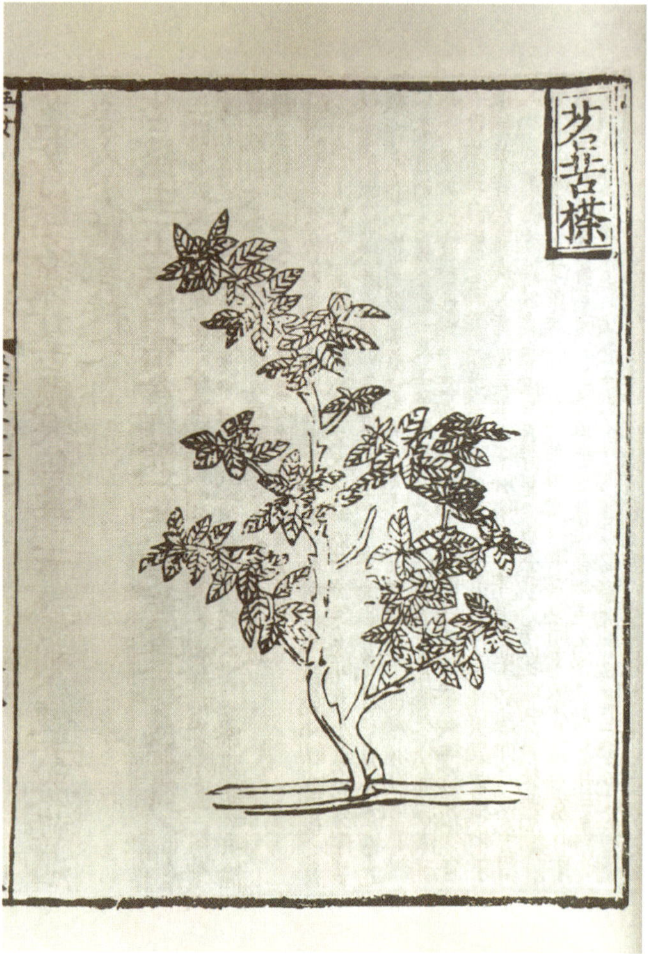

宋嘉定四年刘甲刻本《经史证类备急本草》中的茶树图

二　茶之出[1]

其土产各有优劣：建州[2]，北苑、先春、龙焙；洪州[3]，西山白露、双井白芽、鹤岭；湖州[4]，顾渚紫笋；常州[5]，义兴紫笋、阳羡春；[池州[6]]池阳，凤岭；睦州[7]，鸠坑；宣州[8]，阳坡；剑南[9]，蒙顶石花、露铵芽、篯芽；[虔州]南康[10]，云居；峡州[11]，碧涧、明月；[绵州[12]]东川兽目；福州[13]，方山露芽；寿州[14]，霍山黄芽。皆茶之极品也。

彭州[15]：彭州有蒲村、堋口、灌口，其园名仙崖、石花等，其茶饼小而布嫩芽，如六出花者尤妙。

[茂州]：玉垒关外宝唐山[16]有茶树，产于悬崖，笋长三寸五寸，方有一叶两叶。

雅州[17]：雅州百丈、名山二者[茶]尤佳。

[蒙山][18]：山有五顶，顶有茶园，中顶曰“上清峰”，所谓“蒙顶茶”也，为天下所称。

绵州：绵州龙安县[19]生松岭关者，与荆州同，其西昌、昌明、神泉等县，连西山生者并佳，独松岭上者不堪采撷。

[荆州][20]：当阳县清溪山仙人掌茶，李白有诗。

涪州[21]：涪州出三般茶，宾化最上，制于早春；其次白马；最下涪陵。

［常州］：义兴有紫笋、阳羡春，有㴩湖之含膏[22]。

［苏州］[23]：长洲县生洞庭山者，与金州、荆州、梁州味同。

杭州[24]：杭州临安、於潜二县生天目山者，与舒州同。

睦州：睦州之鸠坑[25]极妙。生凤亭山飞云、曲水二寺，青岘、啄木二岭者，与寿州同。

［福州］：柏岩[26]极佳。

剑南有蒙顶石花，湖州有顾渚紫笋，峡州有碧涧、明月。

扬州[27]：扬州禅智寺，隋之故宫，寺枕蜀冈，有茶园，其味甘香如蒙顶也。又歙州[28]牛梡岭者尤好。

洪州：洪州西山之白露、双井白芽及鹤岭茶极妙。

越州[29]：越州余姚茶生瀑布岭者，号曰“仙茗”。大者殊异，小者与襄州同。

容州[30]：容州黄家洞有竹茶，叶如嫩竹，土人作饮，甚甘美。

建有紫笋。[31]

［福州］蜡面。[32]

辑佚

“其土产各有优劣”条辑自《古今合璧事类备要》外集卷四二和《全芳备祖》后集卷二八。

《古今合璧事类备要》外集卷四二云：“其土产各有优劣。建州，北苑先春、龙焙；洪州，西山白露、双井白茅、鹤岭；安吉州，顾渚紫笋；常州，义兴紫笋、阳羡春；池阳，凤岭；睦州，鸠坑；宣州，阳坑；南剑，蒙顶石花、露铵、篯牙；南康，云居；峡州，碧涧、明月；东川，兽目；福州，方山露牙；寿州，霍山黄芽，皆茶之极品也。”“茅”，应为“芽”。

《全芳备祖》后集卷二八云：“建州，北苑先春、龙焙；洪州，西山白露、双井白芽、鹤岭；安吉州，顾渚紫笋；常州，义兴紫笋，阳羡春；池阳，凤岭；睦州，鸠坑；宣州，阳城；南剑，蒙顶石花、露镂牙、篯牙；南康，云居；峡州，碧涧明月；东川，兽目；福州，方山露芽；寿州，霍山黄芽。《茶谱》。”

比较《古今合璧事类备要》外集卷四二和《全芳备祖》后集卷二八对此段的记载，内容基本相同。《全芳备祖》后集卷二八无开头句“其土产各有优劣”和末句“皆茶之极品也”。《全芳备祖》后集卷二八明确说全段记载内容源自《茶谱》，《古今合璧事类备要》外集卷四二则没有记录此段内容源自何处。综合两书对此段内容所记辑出此条。两书此段文字中的“南剑”，应为“剑南”，蒙顶山，唐时属剑南道的雅州。池阳，在池州。南康，在虔州。“露铵、筬牙”应为“露铵芽、筬芽”。

“彭州”条辑自《太平寰宇记》卷七三和《事类赋注》卷一七以及《晏元献公类要》。

《太平寰宇记》卷七三云：“土产：麸金，续断，升麻，茶。按《茶谱》云：‘彭州有蒲村、堋口、灌口，其园名仙崖、石花等，其茶饼小而布嫩芽，如六出花者尤妙。’又《茶经》云：‘茶出彭州九陇县马鞍山、至德寺、堋口镇者，与襄州茶同味。’”

《事类赋注》云：“《茶谱》曰：‘彭州蒲村、堋口，其园有仙厓、石花等号。’”

《晏元献公类要》：“按《茶晋》云：‘蒲州有蒲村、堋口、藋口，其园名仙崖、石花等，其并茶小而布嫩芽，如六出花者，尤妙。’”“茶晋”，为“茶谱”之误；“蒲州”，为“彭州”之误；“并茶”，为“饼茶”之误。

综合三书所记辑出。

置九隴郡 ○隋初置濛州 ○分益州之九
隴等四县置彭州唐垂拱二年 ○取古彭閬為名
○濛阳郡天宝元年 ○号小郫見益州记云行之地地土肥
良北之耶邑也 ○四至八到東至東京三九五百八十九里東至西京三千六百
六十九里東至長安三千三百一十里西至
東康單導江县六十里北至僮州十郁县七十
白東至漢州七十五里西南至益州郡县四十
二里東南至益州一百五里西至取雚口至茂
州三百七十里西南至蜀州 ○產 ○麸金
青城县七十八里
○續斷 ○升麻 ○茶按茶晋云蒲州有蒲村堋
口雚口其園名仙崖石花等其并茶小而布嫩

《晏元献公类要》，燕京大学图书馆藏刻本

载：按《茶晋》云：『蒲州有蒲村、堋口、雚口，其园名仙崖、石花等……』

“［茂州］：玉垒关外”条辑自《事类赋注》卷一七。

《事类赋注》卷一七云：“《茶谱》曰：‘玉垒关外宝唐山有茶树，产于悬崖，笋长三寸五寸，方有一叶两叶。’”五代及北宋初，玉垒关在茂州，非彭州属。《太平寰宇记》卷七八《剑南西道七·茂州汶川县》载：“玉垒山在县北三里，又有玉轮坂，其下汶水所经焉，蜀谓之‘玉轮江’。”玉垒关即在玉垒山附近。

“雅州百丈”条辑自《太平寰宇记》卷七七。

《太平寰宇记》卷七七云［雅州］：“土产：麸金、石菖蒲、升麻、黄连、茶。《茶谱》云：‘雅州百丈、名山二者尤佳。’”

“［蒙山］：山有五顶”条辑自《太平寰宇记》卷七七、《晏元献公类要》和《舆地纪胜》卷一四七。

《太平寰宇记》卷七七云：［雅州］“蒙山，在县七十里。北连罗绳山，南接严道县。《尚书》云‘蔡、蒙旅平’，即此山也。《九州记》云：‘蒙山者，沐也，言雨露常蒙，因以为名。’山顶受全阳气，其茶香芳。按《茶谱》云：‘山有五顶，顶有茶园，中顶曰上

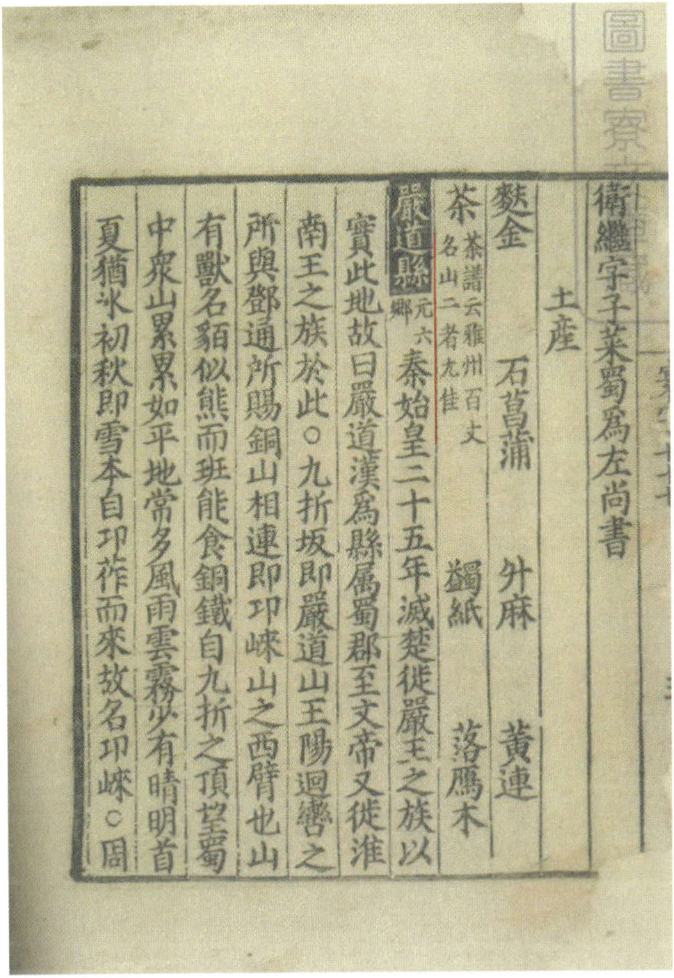
衛繼字子業蜀爲左尚書
土產
麩金　石菖蒲　升麻　黃連
茶（茶譜云雅州百丈名山二者尤佳）　蜀紙　落鴈木
嚴道縣（元六鄉）秦始皇二十五年滅楚徙嚴王之族以實此地故曰嚴道漢爲縣屬蜀郡至文帝又徙淮南王之族於此○九折坂即嚴道山王陽迴轡之所與鄧通所賜銅山相連即邛崍山之西臂也山有獸名貊似熊而班能食銅鐵自九折之頂望蜀中衆山累累如平地常多風雨雲霧少有晴明首夏猶氷初秋即雪本自邛莋而來故名邛崍○周

《太平寰宇记》，日本宫内厅书陵部图书寮文库藏宋刻本载《茶谱》云：『雅州百丈、名山，二者尤佳。』

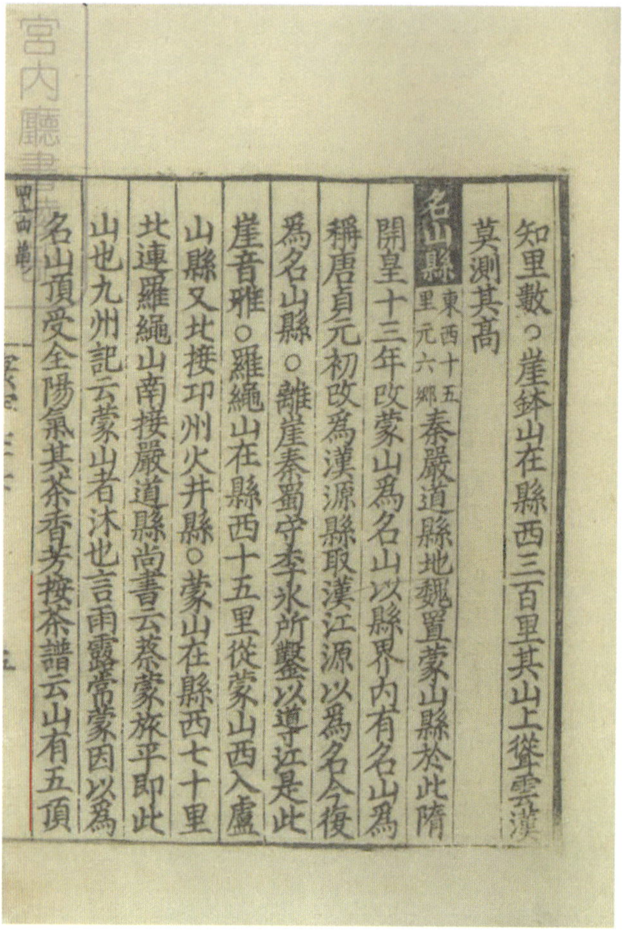
知里數。崖鉢山在縣西三百里其山上聳雲漢
莫測其高
名山縣 東西十五里元六鄉 秦嚴道縣地魏置蒙山縣於此隋
開皇十三年改蒙山爲名山以縣界内有名山爲
稱唐貞元初改爲漢源縣取漢江源以爲名今復
爲名山縣。離崖秦蜀守李氷所鑿以導江是此
崖音雅。羅繩山在縣西十五里從蒙山西入盧
山縣又北接邛州火井縣。蒙山在縣西七十里
北連羅繩山南接嚴道縣尚書云蔡蒙旅平即此
山也九州記云蒙山者沐也言雨露常蒙因以爲
名山頂受全陽氣其茶香芳按茶譜云山有五頂

《太平寰宇记》，日本宫内厅书陵部图书寮文库藏宋刻本载《茶谱》云蒙顶『山有五顶，顶有茶园，中顶曰「上清峰」，所谓「蒙顶茶」也，为天下所称』。

清峰，所谓蒙顶茶也，为天下所称。’”

《晏元献公类要》：“《九洲记》云：蒙山者，沐也，言雨露尝蒙，因以为名，山顶受全阳气，其茶香芳。按《茶谱》云：‘山有五顶，顶有茶园，中顶曰上清峰，所谓蒙顶茶也，为天下之称。’”

《舆地纪胜》卷一四七：“《茶谱》云：‘山有五顶，顶有茶园，中顶曰上清峰，所谓蒙顶茶也。’”

综合三书所记辑出。

“绵州”条辑自《太平寰宇记》卷八三、《舆地纪胜》卷一五二。

《太平寰宇记》卷八三“绵州龙安县”云：“松关岭，在县西北一百七十里。又有松岭山，山上虽出茶，不可食。故毛文锡《茶谱》云：‘绵州龙安县生松岭关者，与荆州同，其西昌、昌明、神泉等县，连西山生者并佳，独松岭上者不堪采撷。’”“松关岭”，应为“松岭关”。

《舆地纪胜》卷一五二载：“故毛文锡《茶谱》云：绵州龙安县生松岭关者，与荆州同，其西昌、昌明、神泉等县，连西山生者并佳，独松岭上者不堪采撷。”

据两书所记辑出。

“［荆州］：当阳县”条辑自《事类赋注》卷一七。

《事类赋注》卷一七云：“仙人之掌难踰。《茶谱》曰：‘当阳县清溪山仙人掌茶，李白有诗。’”

此条《事类赋注》亦未明州属，时当阳县在荆州。

“涪州”条辑自《事类赋注》卷一七。

《事类赋注》卷一七云：“《茶谱》曰：‘涪州出三般茶，宾化最上，制于早春；其次白马；最下涪陵。’”

“［常州］：义兴”条辑自《全芳备祖》后集卷二八和《事类赋注》卷一七。

《全芳备祖》后集卷二八：“建州：北苑先春、龙焙；洪州：西山白露，双井白芽、鹤岭；安吉州：顾渚紫笋；常州：义兴紫笋、阳羡春……《茶谱》。”

《事类赋注》卷一七云：“《茶谱》曰：‘义兴有滃湖之含膏。’”

两条均源自《茶谱》。综合两书所记载辑出。

“［苏州］：长洲县”条辑自《太平寰宇记》卷

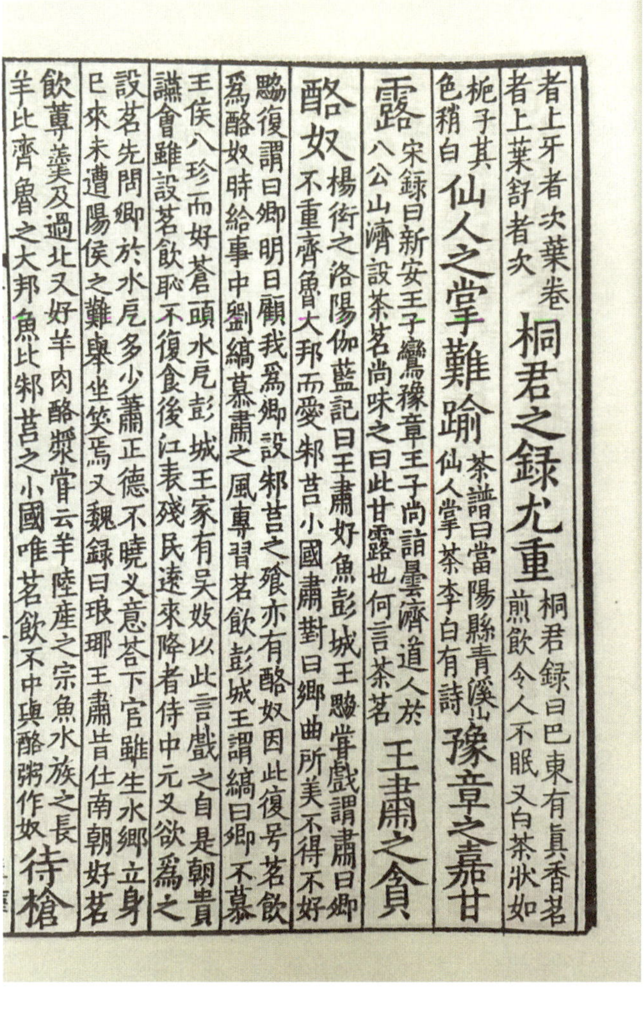

者上牙者次葉卷者上葉舒者次桐君之録尤重桐君録曰巴東有眞香茗煎飲令人不眠又白茶狀如梔子其色稍白仙人之掌難踰茶譜曰當陽縣青溪山仙人掌茶李白有詩豫章之嘉甘露宋録曰新安王子鸞豫章王子尚詣曇濟道人於八公山濟設茶茗尚味之曰此甘露也何言茶茗王肅之貪酪奴楊衒之洛陽伽藍記曰王肅好魚彭城王勰嘗戲謂肅曰卿不重齊魯大邦而愛邾莒小國肅對曰鄉曲所美不得不好勰復謂曰卿明日顧我爲卿設邾莒之飧亦有酪奴因此復号茗飲爲酪奴時給事中劉縞慕肅之風專習茗飲彭城王謂縞曰卿不慕王侯八珍而好蒼頭水厄彭城王家有吴妏以此言戲之自是朝貴讌會雖設茗飲恥不復食後江表殘民遠來降者侍中元乂欲爲之設茗先問卿於水厄多少蕭正德不曉乂意荅下官雖生水鄉立身已來未遭陽侯之難舉坐笑焉又魏録曰琅琊王肅旹仕南朝好茗飲蓴羮及過北又好羊肉酪漿嘗云羊陸産之宗魚水族之長羊比齊魯之大邦魚比邾莒之小國唯茗飲不中與酪粥作奴待槍

《事类赋注》，宋绍兴十六年两浙东路茶盐司刻本载《茶谱》曰：『当阳县青溪山仙人掌茶，李白有诗。』

九一。

《太平寰宇记》卷九一记苏州长洲县“洞庭山”云：“按《苏州记》云：‘山出美茶，岁为入贡。’故《茶说》云：‘长洲县生洞庭山者，与金州、蕲州、梁州味同。’”

宋初之前未闻有《茶说》其书，《茶经》也无此条，应为《茶谱》，故辑出。

“杭州”条辑自《太平寰宇记》卷九三。

《太平寰宇记》卷九三云：“杭州天目山。《郡国志》云：‘山上有数百年树，名曰翔凤林。’《舆地志》云：‘上有两湖，若左右目，名天目也。山极高峻，上多美石、泉水、名茶。’按《茶谱》云：‘杭州临安、於潜二县生天目山者，与舒州同。’”

“睦州”条辑自《事类赋注》卷一七。

《事类赋注》卷一七云：“鸠坑兮凤亭。《茶谱》曰：‘穆州之鸠坑极妙。’《茶经》曰：‘生凤亭山飞云、曲水二寺，青岘、涿（啄）木二岭者，与寿州同。’”后句“《茶经》曰……与寿州同。’”与《茶经》有异，《茶经》原文：“生凤亭山伏翼阁、飞云曲水两寺、啄木岭，与寿州同。”疑为《茶谱》所误。“穆”应为“睦”。

“［福州］：柏岩极佳”条辑自《事类赋注》卷一七。

《事类赋注》卷一七云：“柏岩兮鹤岭，《茶谱》曰：‘福州柏岩极佳，又洪州西山白露及鹤岭茶极妙。’”

“剑南有蒙顶石花”条辑自《全芳备祖》后集卷二八。

《全芳备祖》后集卷二八云：“南剑有蒙顶石花，湖州有顾渚紫笋，峡州有碧涧、明月。《茶谱》。”

“南剑”应为“剑南”。

“扬州”条辑自《事类赋注》卷一七。

《事类赋注》卷一七云：“《茶谱》曰：‘扬州禅智寺，隋之故宫，寺枕蜀冈，有茶园，其味甘香如蒙顶也。又歙州牛桅岭者尤好。’”

“洪州”条辑自《事类赋注》卷一七和《全芳备

祖》后集卷二七。

《事类赋注》卷一七云："《茶谱》曰：'洪州西山之白露。'"

《全芳备祖》后集卷二七云："洪州，西山白露、双井白芽、鹤岭。"

综合两书记载，辑出。

"越州"条辑自《太平寰宇记》卷九六。

《太平寰宇记》卷九六云："瀑布岭。《茶经》云：'越州余姚茶生瀑布岭者，号曰仙茗，大者殊异，小者与襄州同。'"

考《茶经》并无此条，应为《茶谱》条，故辑出。

"容州"条辑自《太平寰宇记》卷一六七。

《太平寰宇记》卷一六七云："《茶经》云：'黄家洞有竹茶，叶如嫩竹，土人作饮，甚甘美。'"

考《茶经》，并无此条，为《茶谱》误，故辑出。

"建有紫笋"条辑自熊蕃《宣和北苑贡茶录》，曰："是时，伪蜀词臣毛文锡作《茶谱》，亦第言建有紫笋，而蜡面乃产于福。"

曰渠江薄片一斤八十枚西山白露茶譜曰洪州西山之白露雲垂綠脚茶譜曰袁州之界橋
其名甚著不若湖州之研膏紫筍烹之有綠脚垂下香浮碧乳茶譜曰發州有舉巖茶斤片方細所出雖少味極甘芳
煎如碧乳也挹此霜華茶譜曰傅巽七誨云蒲桃宛柰齊柿燕栗常陽黃梨巫山朱橘南中茶子西極石蜜寒溫
既畢應下霜華之茗却茲煩暑茶譜曰長沙之石楠採芽爲茶湘人以四月四日摘楊桐草擣其汁伴米而蒸
猶饎糜之類必啜此茶乃去風也尤宜暑月飲之清文既傳於杜育杜育荈賦曰調神和内倦
懈康除精思亦聞於陸羽茶譜曰唐陸羽著茶經三卷若夫擷此皐
盧廣州記曰皐盧茗之別名葉大而澁南人以爲飲烹茲苦茶爾雅曰檟苦茶注樹小似梔子早採者爲
茶晚採者爲茗荈蜀人名爲苦茶品之紫綠第其卷舒陸羽茶經曰紫者上綠者次筍

《事类赋注》，宋绍兴十六年两浙东路茶盐司刻本载《茶谱》曰『洪州西山之白露』等。

“［福州］蜡面”条辑自熊蕃《宣和北苑贡茶录》，曰：“是时，伪蜀词臣毛文锡作《茶谱》，亦第言建有紫笋，而蜡面乃产于福。”

注释

（1）茶之出：茶叶出产地之谓也，即指茶叶产地，特别是名茶出产地。据唐代陆羽《茶经》和李肇《唐国史补》等记载，唐代名茶计有50余种。这个时期的名茶多为蒸青团、饼茶，也有少量散茶。最具盛名的如产于湖州（现浙江绍兴）的顾渚紫笋，产于剑南雅州名山（今四川雅安）的蒙顶石花，产于常州（今江苏宜兴）的阳羡茶，产于寿州的六安茶，产于紫阳（今陕西安康）的紫阳茶，产于荆州（今湖北南阳）的仙人掌茶，产于剑南绵州西昌（今四川绵阳安州区）的昌明茶等等。陆羽将唐代的茶叶产地分为八大茶区，分别是：山南茶区、淮南茶区、浙西茶区、浙东茶区、剑南茶区、黔中茶区、江西茶区、岭南茶区。山南茶区包括峡州、襄州、荆州、衡州、金州、梁州等地，这个茶区最为盛名的有峡州茶，如碧涧、明月、芳蕊、茱萸等，李白赞许的“仙人掌茶”也出产在这个茶区；淮南茶区包括光州、义阳郡、舒州、寿州、蕲春、黄州等地，这个茶区最为盛名的当是霍山黄芽；浙西茶区包括湖州、常州、宣州、杭州、睦州、歙州、润州、苏州等地，这个茶区最为盛名的是唐代贡茶紫笋茶；浙东茶区包括越州、明州、婺州、台州等地，这个茶区最为盛名的当是越州会稽岭的日铸茶；剑南茶区包括彭州、绵州、蜀州、雅州、泸州、眉州、汉州、邛州等地，这个茶区最为盛名的当是蒙顶茶；黔中茶区包括思州、夷州、播州等地，这个茶区最有名的当数夜郎茶；江西茶区包括鄂州、袁州、吉州等地，这个茶区最有名的当是袁州（今江西宜春）的界桥茶；岭南茶区包括福州、建州、韶州、象州等地，最负盛名的是建茶和武夷茶。唐代产茶地区分布在八个道（即八大区），四十三个州郡。今天中国的茶叶生产地域分布更广阔，东起东经122°的台湾东部海岸，西至东经95°的西藏自治区，南至北纬18°的海南岛榆林，北到北纬37°的山东省荣成市，东西跨越经度27°，南北跨越纬度19°，共有21个省（区、市），967个县市，总面积达110万公顷，分为四大茶区：西南茶区、华南茶区、江南茶区和江北茶区。茶叶传播到世界各地，当今大约有60多个国家和地区种植茶，160多个国家的人饮用茶。据2016年统计，就茶叶种植面积而言，世界各茶区的主要产茶国家，位于世界前八名的是：中国、印度、肯尼亚、斯里兰卡、土耳其、越南、印度尼西亚和缅甸。

（2）建州：东汉建安元年（196）析侯官县北乡置，是“福建”历史上最早设置的五个县之一，属会稽郡。唐武德四年（621）置建州，治建安（今建瓯）。今“福建”之名即为福州、建州各取首字而来。五代闽龙启二年（934）属闽，“五代晋天福八年（943）王延政据此，建国号殷”。宋开宝八年（975）改忠义军为建州（行政中心驻今建瓯市）。建茶、北苑贡茶均产于旧建州境。五代北宋时，建州已有北苑、先春、龙焙等多个名茶。据明嘉靖《建宁府志》记：“五代闽龙启年间，里人张廷晖，以所居北苑地宜茶，悉谕之官，由是始有北苑之名。”张廷晖把北苑凤凰山一带方圆三十里茶园悉数献给闽国，成为御苑。因茶园地处闽国之北，故称“北苑茶园”。所产之茶称“北苑茶”。从而开启北苑茶的历史。

北苑：即北苑茶。产于福建建州，今福建省南平建瓯市。

宋熊蕃《宣和北苑贡茶录》云：“五代之季，建属南唐，岁率诸县民，采茶北苑。初造研膏，继造腊面。”[14]可见五代时北苑茶已得盛名。

⑭ 陈祖槼、朱自振:《中国茶叶历史资料选辑》, 中国农业出版社, 1981年, 第49页。

⑮ 陈祖槼、朱自振:《中国茶叶历史资料选辑》, 中国农业出版社, 1981年, 第43页。

北苑贡茶历经五代、宋、元、明四个朝代，持续御贡数百年。历代朝廷都在建州北苑（今建瓯）建立“龙焙”（供皇帝享用），并遣使臣督造贡茶，名冠天下。宋徽宗赵佶的《大观茶论》说：“本朝之兴，岁修建溪之贡，龙团、凤饼，名冠天下。而壑源之品，亦自此盛。”[15]曾主管过北苑茶事的官员、宋代诗人周绛在《补茶经》中称：“天下之茶建为最，建之北苑又为最。”

先春：建州北苑茶的一种，因采撷最早，故名先春。宋郑侠《次韵种道行衙赏莲花》诗云：

城中势利如聚蛙，聒聒鼓闹穷两衙。
忽闻携樽命真赏，如见地涌金莲花。
况兹危亭跨高爽，极目四顾穷天涯。
红蕖缭绕几数亩，盛妆翠盖相撑拿。
与肩不换足已到，咫尺毕彼穷幽遐。
居之自可换凡骨，不必饮露餐朝霞。
堂堂露衢不户牖，非此非彼无追赊。
幸时有酒共酩酊，不尔一啜先春茶。
楸枰小小较胜负，往往笑语成欢哗。

归来清风恐飘帽，月影已向西楼斜。

长舒两脚就枕簟，一觉已听清晨笳。

这首诗就有对建州先春茶的描写。

郑侠（1041—1119），字介夫，号“一拂居士”“大庆居士”，福州福清人，北宋诗人，英宗治平四年进士，作品有《西塘集》《西塘先生文集》等，有多首茶诗传世。

龙焙：北苑茶名。其制作工艺为蒸青团茶，“每日采茶蒸榨以过黄，悉送北苑并造”[16]。焙，为制茶的主要工艺，因为皇帝御制，始为“龙焙”，后即为茶名。宋梅尧臣《依韵和杜相公谢蔡君谟寄茶》，“天子岁尝龙焙茶，茶官催摘雨前芽”，“小石冷泉留早味，紫泥新品泛春华”。宋苏轼《西江月·茶词》：“龙焙今年绝品，谷帘自古珍泉。”金元好问《台山杂咏》之十三：“石罅飞泉冰齿牙，一杯龙焙雪生花。”这些名作，都是对龙焙茶的咏赞。

[16] 叶羽《茶书集成》录《北苑别录》，黑龙江人民出版社，2001年，第70页。

（3）洪州：隋开皇九年（589）置洪州，治豫章（唐改南昌，北宋分置新建，皆今南昌市）。大业三年（607）复为豫章郡。唐武德五年（622）复为洪州，贞观初属江南道，开元二十一年（733）属江南西道，天宝元年（742）改洪州为豫章郡，至德元年（756）豫章郡更名为章郡，乾元元年（758）再称洪州。五代南唐中主交泰二年（959）改洪州为南昌府。宋开宝八年（975）复名洪州，天禧四年（1020）属江南西道下辖八州之一。八州为：洪州、江州、信州、袁州、抚州、饶州、虔州、吉州。

西山白露：又称西山茶，历史名茶。“白露”是对茶叶外形的描述。产于今江西南昌市郊西山山麓，其历史可追溯至唐代。史家李肇在《唐国史补》“叙诸茶品目”中列举当时贡茶时，就有对“西山白露”的记载，曰：“睦州有鸠坑，洪州有西山之白露，寿州有霍山之黄牙。”[17]并列为天下十大名茶。

双井白芽：又名洪州双井，产于江西洪州（今江西南昌）和分宁（今江西修水）。

鹤岭：茶名，即鹤岭茶，产于洪州（今江西南昌）西山。清雍正十年《江西通志》卷二七：“《茶谱》曰：洪州西山白露鹤岭茶，号为绝品。今紫清、香城者为最。”[18]

（4）湖州：古“三吴”之一。春秋战国时期置菰

[17] 陈祖椝、朱自振：《中国茶叶历史资料选辑》，中国农业出版社，1981年，第213-214页。

[18] 吴觉农：《中国地方志茶历史资料选辑》，中国农业出版社，1990年，第222页。

城县，为春申君封地。三国时，孙吴政权置吴兴郡。隋仁寿二年（602）置湖州，治乌程（今湖州市）。因地濒太湖得名。后废乌程、武康、长城（今长兴）等县合置。唐武德四年（621）复置湖州，领乌程一县，唐武德七年（624）领乌程、长城、武康三县。宋太平兴国七年（982）领乌程、归安、长兴、安吉、德清、武康县。今为浙江湖州市。湖州地形西倚势若奔马的天目山脉，境内群山逶迤，异峰突起，海拔千米以上的山峰有15座。气候特点是：季风显著，四季分明；雨量充沛，气候温和。年平均气温12.2—17.3℃，年降水量761—1780毫米，年平均相对湿度均在80%以上。是茶树理想的生长带。

顾渚紫笋：产于浙江省湖州市长兴县水口乡顾渚山一带，早在唐时闻名于世。因其鲜茶芽叶微紫，嫩叶背卷似笋壳，故而得名，是贡茶中的“极品”。唐广德年间开始以龙团茶进贡。也曾被唐朝廷选为祭祀宗庙用茶。紫笋贡茶分为五等，第一批茶必须确保“清明”前抵达长安，以祭祀宗庙。这第一批进贡的茶就被称为“急程茶”。唐代诗人张文规对当时紫笋茶进贡情景有生动描写：“凤辇寻春半醉回，仙娥进水御帘开。牡丹花笑金钿动，传奏吴兴紫笋来。”紫笋茶至明朝洪武八年“罢贡”，改制条形散茶，前后历史600余年。明末清初，紫笋茶逐渐消失，直至二十世纪七十年代末又被重新发掘生产。

顾渚山上设有“境会亭”，每到茶季，两州官员便聚到“境会亭”品茶、选贡。在苏州做官的白居易曾因此赋诗一首，表达他因病不能赴会的遗憾之情。

白居易《夜闻贾常州、崔湖州茶山境会亭欢宴》云：

遥闻境会茶山夜，珠翠歌钟俱绕身。
盘下中分两州界，灯前各作一家春。
青娥递舞应争妙，紫笋齐尝各斗新。
自叹花前北窗下，蒲黄酒对病眠人。

（5）常州：春秋末期，吴王寿梦第四子季札封邑延陵，开启常州长达2500多年的历史。曾有过延陵、毗陵、毗坛、晋陵、长春、尝州、武进等名。隋开皇九年（589）置常州，治今常熟市。后迁治晋陵（今常州，唐分置武进县，同为州治；明并晋陵入武进；清分武进置阳湖县，同为府治）。辖境相当今江苏常州、无锡、江阴和宜兴等市地。常州位居长江之南、太湖之滨，长三角中心地带。地貌类型属高沙平原，山丘平圩兼有，南为天目山余脉，西为茅山山脉，北为宁镇山脉尾部，中部和东部为宽广的平原、圩区。常州常年气候温和，雨量充沛，四季分明，属北亚热带海洋性气候，适合茶树生长的地带。

义兴紫笋：义兴，即宜兴。义兴紫笋，亦称阳羡紫笋，阳羡茶。

阳羡茶：产于宜兴。宜兴山区，青山逶迤，绿带萦绕，气候属亚热带南部季风区，四季分明，温和湿润，雨量充沛，最适合茶树的生长。阳羡茶就产于宜兴的唐贡山（茶山）、南岳寺、离墨山、茗岭等区域。古称“阳羡贡茶”“毗陵茶”“阳羡茶”“阳羡紫笋”和“晋陵紫笋”等。据说三国时就有“国山茶”（“国山”，即今之离墨山）。唐时，陆羽曾在阳羡长时间试茶，为《茶经》一书积累了丰富的原始资料，《茶经·一之源》言“阳崖阴林，紫者上，绿者次；笋者上，牙者次。”[19]由于陆羽的推荐，阳羡茶声噪一时。唐时，阳羡茶被选入贡茶之列，故有“阳羡贡茶”之称。苏东坡有“雪芽我为求阳羡，乳水君应饷惠山”的咏茶名句。卢仝的“七碗茶诗”被日本人奉为茶道文

[19] 沈冬梅、陈伟明：《茶经·随园食单》，中华书局，2016年，第19页。

化的启蒙之作，而该诗就是卢仝在宜南山区生活时所作。卢仝有诗云：“闻道新年入山里，蛰虫惊动春风起。天子须尝阳羡茶，百草不敢先开花。”

（6）池州：位于安徽省南部，北与安庆隔江相望，南接黄山，西南与江西九江为邻，东接芜湖、铜陵。唐武德四年（621）置州，治秋浦（今池州西南）。辖境相当今安徽池州、青阳、东至等市县地。贞观初废，永泰初复置。宋置池州池阳郡。《宋史·地理志》载：“池州池阳郡，领县六。”清光绪二十五年（1899）刘世珩《贵池县沿革表》：“池州为池阳郡，宋《舆地广记》《太平寰宇记》皆言因唐之旧，不言始于唐何年。”“池阳，郡名，必立于永泰、元和之间也。”毛文锡《茶谱》称池州故因于此。

池州气候温暖，四季分明，雨量充沛，光照充足，无霜期长，属暖湿性亚热带季风气候。年平均气温16.5℃，年均降水量1400—2200mm，适宜茶树生长。

池阳凤岭：池阳为池州别称，凤岭是池州境内九华山的凤凰岭，即为池阳凤岭所产之茶。此以地名谓茶名。

（7）睦州：隋仁寿三年（603）置睦州，治新安（今淳安西威坪镇，大业初改为雉山，移治今淳安西南）。武周万岁通天初移治建德（今市东北），辖境相当今浙江建德桐庐、淳安等市县地。宋太平兴国三年（978）桐庐复属睦州，北宋宣和三年（1121）镇压方腊起义后改睦州为严州。南宋咸淳元年（1265）升严州为建德府。《元和郡县图志》卷二五“睦州”：“取‘俗阜人和，内外辑睦’为义。”

鸠坑：茶名，为古睦州今淳安县之特产。有传始产于汉，名盛于唐，称“睦州贡鸠坑茶”。《雉山邑志》记：“淳安茶旧产鸠坑者佳，唐时称贡物。”李肇《唐国史补》记载名茶：“茶之名品益众……睦州有鸠坑。”[20]杨晔《膳夫经手录》载：“睦州鸠坑茶，味薄，研膏绝胜霍山者。”[21]唐代陆羽《茶经》有关名茶和名种都提及“睦州鸠坑”。2017年12月22日中华人民共和国农村农业部正式批准对鸠坑实施农产品地理标志登记保护。

[20] 陈祖椝、朱自振:《中国茶叶历史资料选辑》，中国农业出版社，1981年，第213页。

[21] 陈祖椝、朱自振:《中国茶叶历史资料选辑》，中国农业出版社，1981年，第213-217页。

（8）宣州：隶属安徽。隋开皇九年（589）改南豫州置宣州，治宣城（今安徽宣城市）。唐时辖境相当今安徽长江以南，黄山、九华山以北地区及江苏南京市溧水区、溧阳市等地。宣州地处温和湿润的亚热带季风气候，适宜茶树生长。

阳坡：即阳坡茶。宣州宣城县有雅山，又称鸦山、丫山、鸭山，在今安徽宁国县北，其茶历史上称“鸦茶”“丫山茶”，民间亦称“鸦茶”，亦为著名的贡茶。“其东为朝日所烛，号曰阳坡。”即向阳而生，其茶号“阳坡茶”。

（9）剑南：唐贞观十道、开元十五道之一。唐贞观元年（627）置，以在剑阁之南得名。辖境相当今四川省、重庆市大部，云南省澜沧江、哀牢山以东及贵州省北部，甘肃省文县一带。这一地区属重要产茶区，今犹是。

蒙顶石花：产于剑南道雅州蒙顶山，今属四川雅安市名山区。蒙顶山产茶历史悠久，唐玄宗天宝元年（742）开始，蒙顶石花茶成为贡茶，且一直到清末，为中国历史上的正贡茶。李肇《唐国史补》：“风俗贵茶，茶之名品益众。剑南有蒙顶石花，或小方，或散芽，号为第一。”[22]明陈仁锡《潜确居类书》记载：“蜀蒙山顶茶，多不能数斤。极重于唐，以为仙品。”[23]这些记载证明此时的蒙顶石花，为数稀少而极其珍贵。

[22] 陈祖椠、朱自振：《中国茶叶历史资料选辑》，中国农业出版社，1981年，第213页。

[23] 陈祖椠、朱自振：《中国茶叶历史资料选辑》，中国农业出版社，1981年，第328页。

露铵芽、篯芽：两种茶名。以茶叶形而名，此茶冲泡后整茶似花，整芽似剑。露芽，谷芽之别称。

（10）南康：江西赣州西部。郡名，西晋太康三年（282）置。治雩都（今江西于都东北），东晋移治赣县（今赣州西）。辖今江西赣州市南康、赣县二区和兴国、宁都等县以南地。隋大业及唐天宝、至德时曾改虔州为南康郡，因“地接岭南，人安物阜”而得名。五代十国属百胜军，宋属南安军，今在江西赣州南康区。南康属中亚热带季风湿润气候，冬无严寒，夏无酷暑，雨量充沛。境内山脉属南岭山系罗霄山脉和大庾岭山脉的支脉，是茶树适宜生长地区。云居茶是这个地区代表茶品。

云居：即云居山茶。云居山，即江西修水之山。相传战国末年，楚将欧岌隐入艾地（今江西永修）深山食山茶、饮山泉而修炼得道，故汉晋以来称此山为“欧埠”。其脉源衡岳，濒临鄱阳湖而参出天半，云腾雾拥，唐代之后因此而更名为“云居山”。有“天上云居”之誉。又据说是唐道容禅师肇基之居，于是此山成为道容之道场。僧之坐禅，以茶“惊睡”，是以山茶常供道伴，云居山方有茶事。唐宋时期，云居山茶名声渐响。唐皮日休《过云居院玄福上人旧居》记曰：“龛上已生新石耳，壁间空带旧茶烟。”宋王存等《元丰九域志》记：“南康军，土贡茶芽一十斤。”[24]时南康领都昌、建昌、星子三县，云居山即为建昌云居山，这也是云居茶为贡品的最早记载。

（11）峡州：原称“硖州”，周武帝以州扼三峡之口，复改为峡州。治夷陵（今宜昌西北。唐移今市，南宋端平初移江南，元仍移江北）。辖地相当今湖北宜昌、远安、宜都等市县地，唐以后略大。

碧涧、明月：即产于峡州的碧涧茶、明月茶。唐杨晔《膳夫经手录》云：“峡州茱萸簝得名，近自长庆稍稍重之，亦顾渚之流也。自是碧涧茶、明月茶、峡中香山茶，皆出其下。夷陵又近有小江源茶，虽所出至少，又胜于茱萸簝矣。”[25]《唐国史补》：“峡州有碧涧明月、芳蕊、茱萸簝。”[26]碧涧明月、芳蕊、茱萸、小江源皆为峡州名茶之目，宋代诗人郑谷有诗云：“蔟蔟新英摘露光，小江园里火煎尝。”明代钱椿年撰、顾元庆校的《茶谱》及高濂《遵生八笺》亦云：“则石花最上，紫笋次之。又次则碧涧明月之类是也。惜皆不可致

[24] 陈祖梨、朱自振：《中国茶叶历史资料选辑》，中国农业出版社，1981年，第236页。

[25] 陈祖梨、朱自振：《中国茶叶历史资料选辑》，中国农业出版社，1981年，第217页。

[26] 陈祖梨、朱自振：《中国茶叶历史资料选辑》，中国农业出版社，1981年，第213页。

耳。”[27]

（12）绵州：隋开皇五年（585）置绵州，治巴西（今绵阳东）。以绵水得名。城东北面依涪江，南临安昌河，形如北斗，卧龙伏马，为蜀东北之要冲。下辖巴西、昌明、罗江、神泉、龙安、魏城、盐泉、西昌。

兽目：即兽目山茶，以山名茶。兽目山，即青岩山，位于绵州，今四川安州区西部。明陈仁锡《潜确居类书》：“东川之兽目，绵州之松岭，雅州之露芽……此皆唐宋时产茶地及名也。”[28]清同治《彰明县志》：“兽目山，在东县西二十里……产茶甚佳，谓之兽目茶，即今青岩山。”[29]

（13）福州：古闽越之地。唐开元十三年（725）改闽州置福州，治闽县（今福州）。因州西北福山得名。辖境相当于今福建尤溪口以东的闽江流域和洞宫山以东地区。元末以来，福州一直是福建省省会。福州位于欧亚大陆东南边缘，地处东南沿海，属典型的亚热带季风气候，温暖湿润，雨量充沛，极适合茶树生长。

方山露芽：是福建最早的名茶贡茶，产于福州方山

[27] 陈祖槼、朱自振：《中国茶叶历史资料选辑》，中国农业出版社，1981年，第301页。

[28] 陈祖槼、朱自振：《中国茶叶历史资料选辑》，中国农业出版社，1981年，第329页。

[29] 吴觉农：《中国地方志茶历史资料选辑》录《彰明县志》，中国农业出版社，1990年，第607页。

[30] 沈冬梅、陈伟明：《茶经·随园食单》，中华书局，2016年，第155页。

而得名。陆羽《茶经》云岭南“福州生闽县方山山阴也”[30]。《唐国史补》《新唐书·地理志》载，唐时贡茶地区计有十六郡，长乐郡（今福州全境）所贡为方山露芽茶，产于长乐郡闽县光俗里（即今福州市长乐区泮野村）浮峰山之五虎仑，称方山，建有方山寺（今福州市长乐区泮野村），这里地理气候适宜茶树生长，从闽县光俗里扩散到长乐全区。明万历年间，福州长乐人陈振龙（青桥村人）爱国心切，不顾禁令，从海外带回番薯种植，逐渐改茶园而种地瓜，出茶量锐减，但“方山露芽”还是贡茶。到了清末，“方山露芽”彻底消失。历代帝王皆喜好“方山露芽”，尤其是宋徽宗最爱此茶，曾吟诗曰：“今岁闽中别贡茶，翔龙万寿占春芽。初开宝箧新香满，分赐师垣政府家。”他在《大观茶论序》中说：“至若茶之为物，擅瓯闽之秀气，钟山川之灵禀，祛襟涤滞，致清导和，则非庸人孺子可得而知矣。中淡间洁，韵高致静。”[31]

（14）寿州：隋军事重镇。隋开皇九年（589）改扬州置寿州，治寿春（今安徽寿县）。唐辖境相当今安徽淮南、寿县、六安、霍山、霍邱等市县地。古寿州依山傍水，襟江带湖，青山列屏，气温湿润，雨量

[31] 陈祖椝、朱自振:《中国茶叶历史资料选辑》，中国农业出版社，1981年，第42-43页。

充沛，适宜茶树生长。

霍山黄芽：安徽名茶，贡茶，因产于安徽霍山县而得名。霍山县地处南北气候过渡带，属北亚热带湿润季风气候，土地肥沃，适合茶树生长。种茶历史悠久，北宋王钦若、杨亿编《册府元龟》曾载，唐元和十一年（816），唐宪宗诏寿州以兵三千保其境内茶园。明代，霍山黄芽列为贡品。《六安直隶州志》载："明时，六安贡茶制定于未分霍山县之前，原额茶二百袋。……霍山办茶一百七十五袋。"[32]《霍山县志》载："六安茶，六安与霍山所并产也，其六安名者，当霍未建县，已有贡额，从其朔也。"[33]

（15）彭州：以岷山导江，江出山处，两山相对，古谓之天彭门，故取以名州。唐时，彭州管辖范围较大，西达灌口，东至蒙阳，北抵汶山，南至唐昌。前后蜀时彭州与灌州分置。北宋时，彭州与永康军分置，彭州治所在彭州，永康军治所在灌口。九陇县马鞍山，今四川彭州市境内。唐代文学家王勃曾作《彭州九陇县龙怀寺碑》。至德寺，在今四川彭州境内丹景山，前蜀太后徐氏曾有一诗《丹景山至德寺》，

[32] 吴觉农：《中国地方志茶历史资料选辑》录《六安直隶州志》，中国农业出版社，1990年，第208-209页。

[33] 吴觉农：《中国地方志茶历史资料选辑》，中国农业出版社，1990年，第213页。

诗云：“周回云水游丹景，因与真妃眺上方。晴日晓升金晃曜，寒泉夜落玉丁当。松梢月转琴栖影，柏径风牵麝食香。虔煠六铢宜铸祝，惟祈圣祉保遐昌。”《宋史·仁宗纪》天圣元年（1023）闰九月，“禁彭州九陇县采金”，元至元十三年（1276）废入彭州。

堋口：北宋熙宁二年（1069）置县，属彭州。治所在今四川彭州市西北三十里关口。北宋熙宁四年（1071）废，入九陇县，堋口县作为县制仅两年余。这里的九陇县、至德寺、堋口县均属彭州，且均在今彭州市境内。

蒲村：汉晋时称蒲村，唐宋时称蒲村镇，明嘉靖年间名蒲阳镇，今为都江堰市蒲阳镇。因地处蒲阳河南岸，地势低洼，蒲苇类植物丛生而得名。北魏始建灌口镇，北周设汶山县，唐置盘龙县、灌宁县，前蜀、后蜀为灌州。宋为永安军、永康军。传说中的二郎神杨戬，玉帝外甥，天庭大将，率梅山七怪结义兄弟和麾下一千二百草头神驻扎灌江口，有“灌口二郎神”之称，今都江堰岷江东岸的二郎神庙（又称二王庙）仍在，都江堰人每年农历六月二十日仍有朝拜二郎神的传统。这一地区是历史上松茂茶马古道的起点，今为重要的产茶区。此条涉彭灌二州，所辖县、镇多有交叉。

六出花：形容花瓣为六瓣挺出之状。六出，花之六瓣也。《太平御览》卷一二引《韩诗外传》：“凡草木花多五出，雪花独六出。”唐杨炯《梅花落》：“窗外一株梅，寒花五出开。”宋梅尧臣《思归赋》：“青芋连区，乌稗五出。”一般多为五出花来形容各种各样的草木花瓣。这里用喻洁白雪花的“六出花”谓彭州、灌州产的仙崖、石花等名茶，小茶饼上密布的嫩芽犹如洁白如雪的六出花。这则记载说明今天的四川都江堰、彭州一带唐宋时期盛产名茶，茶的品质极高，且生产茶饼，似今型制白茶。

（16）宝唐山：唐贞观八年（634）改南会州置茂州，治汶山（今茂县北），辖今四川北川、汶川及茂县等地。其后略有缩小。玉垒山，位于今都江堰市境内。《汉书·地理志》“绵虒县”下原注云：“玉垒山湔水所出，东南至江阳入江。”李冰修建都江堰工程，为开“宝瓶口”，限制进入内江灌溉的水流量，开山分水，分开小而低的山体为“离堆”，主山即为“玉垒山”。玉垒山，亦名宝唐山。光绪《灌县乡土志》记宝唐山即为四川灌县之沙坪山。历史上岷江上游洪水就是由此冲向成都平原，一般认为，杜宇派鳖灵治水之地为岷江上游的玉垒山。另一说，玉垒山在汶川境，今汶川县亦有玉垒山，屹立于今汶川威州镇东南。《太平寰宇记》卷七八“剑南西道七·茂州汶川县”载：“玉垒山在县北三里，又有玉轮坂，其下汶水所经焉，蜀谓之‘玉轮江’。”宝唐山，玉垒山群山之一山，此山应在今汶川与都江堰交界处，亦言玉垒关之外，疑时在茂州境。其茶生于悬崖，“笋长三寸五寸，方有一叶两叶”。此茶当是野生型大茶树的一种独特品种。

（17）雅州：隋仁寿四年（604）置雅州，因境内雅安山得名。治严道（今雅安市西）。唐辖境相当今四川雅安、荥经、天全、芦山、小金等地。前后蜀时期雅州仍存，管辖区域大致与唐相当。清时升为雅州府，管辖范围南抵大渡河，西至金沙江边的芒康，为全国面积最大的一个州。雍正七年（1729），“雅安”作为一个地名出现。历史上，雅州辖地与邛州辖地多有交集。百丈，今四川省雅安市名山区百丈镇，为茶名，即百丈所产茶是也，以地名谓茶名。名山，今为四川雅安市名山区，西魏废帝元钦二年（553）在今雅安置蒙山郡，辖始阳、蒙山二县，此为名山建县之始。隋开皇十三年（593），改蒙山县为名山县，县名取义于境内久负盛名之蒙山，沿用至今。前后蜀时期循唐制，名山仍属雅州，领于永平军。亦以地名谓茶名，名山所产茶是也。

（18）蒙山：位于四川省雅安市境内，四川盆地西南部，横亘于名山城区西北侧，现境即雨城区与名山区之间，山势北高南低，呈东北-西南带状分布，延伸至雅安境内。海拔最高1456米，因“雨雾蒙沫”而得名，常年雨量达2000毫米以上，古称“西蜀漏天”。山势巍峨，峰峦挺秀，绝壑飞瀑，重云积雾。古人言此地“仰则天风高畅，万象萧瑟；俯则羌水环流，众山罗绕。茶畦杉径，异石奇花，迥异尘凡”[34]。整个蒙顶山域多雨湿润，冬无严寒，夏无酷暑，年平均气温15度左右，最宜茶树生长，茶叶品质极高。此地也是中国最早认识茶、利用茶、栽种茶的地区之一。蒙山有上清、菱角、毗罗、井泉、甘露等五顶，亦称五峰，五峰环列，状若莲花，最高峰为“上清峰”。蒙顶茶，以地名谓茶名，后指整个蒙顶山地区所产之茶，自古声名远扬。

[34] [清]赵懿纂辑：《名山县志》，雅安名山区地方志办公室，2016年，第79页。

（19）龙安县：周武帝天和六年（571）置金山县。唐武德三年（620），废金山县置龙安县，因山而名，属绵州，县城治所在今四川安州区。松岭关，即松岭山之关，位于龙安县境。西昌，唐永淳元年（682）在益昌县故城（四川安州区花荄镇联丰村观斗山）置西昌县，属绵州。五代时期建置隶属无变化。北宋熙宁五年（1072），西昌县撤销并入龙安县。昌明，县名，原为昌隆县，唐玄宗先天元年（712）因避讳改为昌明县。前后蜀时期基本上沿唐制。后唐庄宗同光元年（923）又因避讳改为彰明县，即今绵阳市江油市境。神泉，县名，隋开皇六年（586）在平川县古城（今四川安州区塔水镇）置神泉县，属绵州。唐、五代至南宋景定五年（1264），撤神泉县入安州。此谓龙安、西昌、昌明、神泉皆为绵州下辖县。“连西山生者并佳”，毛文锡赞其此四县连接两山之地所产茶均为好茶。

（20）荆州：今湖北省辖地级市。禹划九州，始有荆州。古九州之一。荆州建城历时长达3000多年。唐时荆州属山南道，开元二十一年（733），山南道分为东、西两道。五代十国时（925），荆南节度使高季兴割据荆、归、峡三州，称南平王，国都设江陵。当阳县，历史上当阳多属荆州，民国时属襄阳道，1949年后属宜昌地区（今宜昌市）。《隋书·地理志》云当阳县“有清溪山”。当阳县清溪山产茶历史悠久，唐时著名的仙人掌茶产于此地，李白有诗为赞。李白在收到当阳县玉泉寺僧人族侄李英清赠送的仙人掌茶后，作诗

《答族侄僧中孚赠玉泉仙人掌茶（并序）》，该诗通篇写仙人掌茶，为中国历史上第一首咏一地名茶的著名茶诗。

（21）涪州：隋开皇末改合州置涪州，治石镜（今重庆市合川区）。唐武德元年（618）以渝州涪陵镇和巴县地复置涪州，治涪陵（今重庆市涪陵区），辖涪陵、乐温（今重庆市长寿县）、武龙（今重庆市武隆县土坎镇）三县。宾化，县名，周武帝三年入巴县，贞观十一年分巴县置隆化县，先天六年，以犯庙讳，改为宾化县。白马，为白马山，今重庆武隆白马镇，素有“蜀黔门屏”之称，白马山茶文化至今仍是重庆的一张亮丽名片。涪陵，今重庆市涪陵区境。因乌江古称涪水，巴国王陵多在此而得名。唐时曾设涪陵郡，涪陵县，属涪州辖县。三般，即指三个种类。三般茶，指三个品次的茶。这里将涪州所产的茶分为三个品次，宾化县茶最好，白马山茶次之，涪陵茶最次。云南白族招待客人的饮茶方式三道茶亦谓“三般茶”，与此“三般茶”意义不同。

（22）灉湖之含膏：指灉湖一带的含膏茶。灉湖，今湖南岳阳市南，《水经注》谓之“翁湖”。《元和郡县志》卷二七岳州巴陵县：“灉湖，一名翁湖，在县南一十里。”《方舆纪要》卷七七岳州巴陵县：“‘滃湖’，唐张说云，滃湖者，沅、湘、澧、汨之余波，夏潦奔注，则泆为此湖；冬霜即降，则固为平野。亦曰角子湖，以在洞庭之角也。或谓之阁子湖，以湖地卑，岁苦水患，民多重屋而居，故名也。”常州义兴，今江苏省境内，滃湖今在湖南省岳阳市境，古时滃湖曾隶属常州。这里毛文锡将滃湖茶归之为常州义兴。含膏，茶名，宋杨伯嵒《臆乘·茶名》：“福闽曰生芽、露芽，岳阳曰含膏。此外无多。”

（23）苏州：古称姑苏、平江，今为江苏省辖市。隋开皇九年（589）改吴州为苏州，以姑苏山得名。隋大业初复为吴州，又改吴郡，唐武德四年（621）又改苏州。治吴县（隋自今苏州市移治市西南衡山东麓，唐武德七年还旧治）。辖境相当今江苏苏州市和常熟市以东，浙江桐乡市、海盐东北及上海市大陆部分。贞观元年（627）分全国为十道，苏州属江南道。五代时期，苏州成为吴越国的领地，改称中吴府。长洲县，苏州下辖县，唐通天元年（696）析吴县东部分置长洲县，同属苏州管辖，长洲县因“长洲苑”而得名，民国元年（1912）并入吴县。洞庭山，苏州市西南，太湖东南部，洞庭山是东、西两洞庭山之统称，一般也称洞庭东山、洞庭西山为东山、西山。洞庭山是今中国十大名茶之一——洞庭碧螺春的原产地。此言长洲县洞庭山所产茶与金州、蕲州、梁州茶味同。

（24）杭州：古称临安、钱塘，今浙江省会。杭州自秦设县治，曾是吴越国和南宋的都城。隋开皇九年（589）置州，治余杭（今杭州市余杭区），后移治钱唐（唐作钱唐，今杭州）。唐辖境相当今浙江桐溪、富春江以北、天目山脉东南地区及杭州湾北岸的海宁市地。五代时吴越建都于此，称为西府。唐天宝元年（742）复名余杭郡，属江南东道。乾元元年（758）又改为杭州，归浙江西道节度，州治一度在钱塘，辖钱塘、盐官、富阳、新城、余杭、临安、於潜、唐山八县。五代十国时期，吴越国偏安东南，建都杭州，时杭州辖十县。临安，五代时期为吴越国的西府。於潜，今於潜镇，杭州市临安区中部，地处天目溪流域中段，五代十国时期为吴越国属县。天目山，地处浙江省杭州市西北部临安区境内，浙皖两省交界处，主峰仙人顶海拔1506米，古名浮玉山。“天目”之名始于汉，有东西两峰，顶上各有一池，长年不枯，故名。《元和郡县志》载：“天目山两峰，峰顶各一池，左右相称，名曰天目。”天目山地处中亚热带北缘，茫茫林海，流水淙淙，清静幽雅。这里是茶树理想的生长之地，自古名茶名世。临安、於潜在天目山脉，因此言二县生天目山之茶与舒州茶品质同。

（25）鸠坑：即鸠坑茶。鸠坑位于淳安西部，白际山东麓，浙皖交界处。西北与安徽歙县的巨川、璜蔚两乡接壤，西南与本县梓桐镇相连，东北面是千岛湖，隔湖与威坪镇相望。鸠坑源深16公里，宽不足3公里，总面积约46平方公里。境内山岭连绵，峰峦起伏，溪坑分绕，是一个典型的低山峡谷地形，属亚热带季风气候，四季分明，温和湿润，雨量充沛，宜茶树生长。白际山东麓的二级阶地为鸠坑种源原产地，史上有名的贡茶“顶谷茶芽”即睦州鸠坑茶产于此。李肇《唐国史补》载，“睦州有鸠坑”，“茶之名品益众”。杨晔《膳夫经手录》载：“睦州鸠坑茶，味薄，研膏绝胜霍山者。”北宋文学家范仲淹《鸠坑茶》诗云：“潇洒桐庐郡，春山半是茶。轻雷何好事，惊起雨前芽。”

（26）柏岩：地名，柏岩茶以地名名茶名，福州名茶。

（27）扬州：江苏省辖市。建城史可上溯至公元前486年。汉时，设扬州刺史部，属十三刺史部之一。隋开皇九年（589）改吴州为扬州，治江都（今扬州）。

唐辖今江苏南京市六合区和扬州、泰州、高邮、兴化、泰兴、海安、如皋及安徽天长等市县地。五代时期先后为吴国、南唐和后周所辖。禅智寺，又叫上方禅智寺、上方寺，又名竹西寺，故址在扬州东门外月明桥北。禅智寺原为隋宫，后改建为寺。

蜀冈：《方舆胜览》云："旧传地脉通蜀，故曰蜀冈。"宋《太平寰宇记》："蜀冈，《图经》云，今枕禅智寺，即隋之故宫。冈有茶园，其茶甘香，味如蒙顶。"[35]唐张祜诗云："人生只合扬州死，禅智山光好墓田。"《太平寰宇记》又云："蜀冈有茶园，其茶甘香如蒙顶，蒙顶在蜀，故以名冈。"这里出好茶，"其味甘香如蒙顶也"。

[35] 陈祖槼、朱自振：《中国茶叶历史资料选辑》，中国农业出版社，1981年，第226页。

（28）歙州：即徽州，位于安徽省南部。隋开皇九年（589）置歙州，治休宁（今县东万安镇），后移治歙县（今属安徽）。唐辖境相当今安徽休宁、歙县、绩溪、黟县、祁门及江西婺源等县地。五代十国时期，淮南节度使杨渥仍称唐哀宗天佑年号，歙州附之。919年，歙州隶吴。937年，吴亡，隶南唐。毛文锡赞歙州牛栊岭茶尤好。

（29）越州：简称"越"，古称越州，今浙江绍兴市。隋大业元年改吴州置越州，治会稽（今浙江绍兴，唐后分置山阴）。辖境相当今浙江浦阳江流域（义乌市除外）、曹娥江流域及余姚市地。余姚为境内大镇，一度升为姚州。余姚生长在瀑布岭的茶，号称“仙茗”，且有大叶、小叶之别，大叶者“殊异”，有别于他茶，不同寻常，小者与襄州茶的品质同。

（30）容州：古州名，今广西容县。唐贞观元年（627）普宁县改隶铜州，更名容州，以境内容山得名，治北流县（今广西北流市）。黄家洞，容州一地名。所产茶叶如嫩竹叶，故称“竹茶”。当地人将其作为饮料，品质优美。

（31）建有紫笋：建州出产紫笋茶。

（32）蜡面：为蜡面茶的简称，习称蜡茶。因其汁乳色，与熔蜡相似，故称蜡茶。

上　四川雅安市名山区茶园（唐剑南道雅州茶区）（拍摄者：陈书谦）
下　四川雅安蒙顶山茶园（唐剑南道雅州茶区）

上　武夷山茶区（唐江南东道茶区）（摄影者：郭炜峰）

下　政和茶园（唐江南东道茶区）（摄影者：陈建兰）

左：武夷山桐木关茶园（唐江南东道茶区）（摄影者：阮苏秀）

右：四川北川苔子茶茶园（唐剑南道绵州茶区）（摄影者：李倩）

三　茶之造[1]

［雅州］：蒙顶有研膏茶[2]，作片进之，亦作紫笋。

今蒙顶茶有露铵芽、篯芽，皆云火前[3]，言造于禁火之前。

蒙山有压膏露芽[4]、不压膏露芽并冬芽，言隆冬甲坼[5]也。

眉州[6]：眉州洪雅、昌阖、丹棱，其茶如蒙顶制饼茶法，其散者叶大而黄，味颇甘苦，亦片甲蝉翼之次也。

邛州[7]：邛州之临邛、临溪、思安、火井数邑，有早春、火前、火后、嫩绿、黄芽等上中下茶。

邛、临数邑，茶有火前、火后、嫩绿、黄芽等号。又有火番饼[8]，每饼重四十两，入西蕃党项，重之如中国名山者，其味甘苦。

蜀州[9]：蜀州晋原、洞口、横源、味江、青城，其横源雀舌、鸟嘴、麦颗，盖取其嫩芽所造，以其芽似之也。又有片甲者，即是早春黄芽，芽叶相抱如片甲也；蝉翼者，其叶嫩芽如蝉翼也，皆散茶之最上也。

［绵州］：龙安有骑火茶[10]，最上。言不在火

前、不在火后作也。清明改火，故曰火。

［渠州］[11]：渠江薄片，一斤八十枚。

婺州[12]：婺州有举岩茶[13]，斤片方细，所出虽少，味极甘芳，煎如碧乳也。

［福州］：方山之芽[14]及紫笋，片大极硬，须汤浸之方可碾。极治头痛，江东老人多味之。

［宣州］：宣城县有茶山，其东为朝日所烛，号曰“阳坡”，其茶最胜，形如小方饼，横铺茗芽其上。太守常荐之京洛人士，题曰“丫山阳坡横纹茶”。杜牧《茶山诗》云：“山实东吴秀，茶称瑞草魁。”

袁州[15]：袁州之界桥［茶］，其名甚著，不若湖州之研膏紫笋，烹之有绿脚垂下，故公淑赋云：“云垂绿脚。”

衡州[16]：衡州之衡山，封州[17]之西乡，茶研膏为之，皆片团如月。

蕲州[18]：蕲州团黄[19]有一旗二枪之号，其言一叶二芽也。

辑佚

“［雅州］：蒙顶有研膏茶”“今蒙顶茶有露芽、篯芽”“蒙山有压膏露芽”三条辑自《事类赋注》卷一七。

《事类赋注》卷一七云："《茶谱》曰：'……今蒙顶茶有雾铰牙、籛芽，皆云火前，言造于禁火之前也。'""雾"，"露"之误。"牙"，应为"芽"。

《事类赋注》卷一七云："《茶谱》曰：'蒙顶山有压膏露牙、不压膏露牙、并冬牙，言隆冬甲坼也。'""牙"，应为"芽"。

《事类赋注》卷一七云："《茶谱》曰：'蒙顶有研膏茶，作片进之，亦作紫笋。'"

"眉州"条辑自《太平寰宇记》卷七四和《事类赋注》卷一七。

《太平寰宇记》卷七四云："土产：麸金，秫米，茶。按《茶经》云：'眉州、洪雅、昌阖、丹稜，其茶如蒙顶制饼茶法，其散者叶大而黄，味颇甘苦，亦片甲蝉翼之次也。'"

《事类赋注》卷一七云："《茶谱》曰：'眉州洪雅、丹陵（棱）、昌合（阖）亦制饼茶，法如蒙顶。'"

两书记载文字稍异而意同。《太平寰宇记》注出处为《茶经》，考《茶经》并无此条，其眉州条仅注有：

“眉州，丹稜县生铁山者；汉州，绵竹县生竹山者，与润州同。”此条引文相距甚远。故应为《茶谱》。晏殊《晏元献公类要》卷八亦有摘引，但多脱误，不取。《事类赋注》卷一七所载，明确出处为《茶谱》。

综合《太平寰宇记》和《事类赋注》所记辑出。

“邛州之临邛”“邛、临数邑”两条分别辑自《事类赋注》卷一七和《太平寰宇记》卷七五。

《事类赋注》卷一七云：“《茶谱》曰：‘邛州之临邛、临溪、思安、火井，有早春、火前、火后嫩绿等上中下茶。”

《太平寰宇记》卷七五：“按《茶经》云：‘临邛数邑，茶有火前、火后、嫩绿、黄芽等号，又有火番饼，每饼重四十两，入西蕃党项，重之如中国名山者，其味甘苦。”

《太平寰宇记》卷七五言此条引自《茶经》，考《茶经》并无此条，亦未言及邛州，当误。《事类赋注》卷一七，明确注明此条源自《茶谱》，两书所记在文字上略有出入。

朱自振、沈冬梅、增勤《中国古代茶书集成》辑为：“邛州之临邛、临溪、思安、火井，有早春、火前、火后、嫩绿等上中下茶。《事类赋注》卷一七。”“临、邛数邑，茶有火前、火后、嫩叶、黄芽号。又有火蕃饼，每饼重四十两，入西番，党项，重之。如中国名山者，其味甘苦。《太平寰宇记》卷七五引《茶经》，《茶经》无此条，参上条，必出《茶谱》。”

方健《中国茶书全集校证》辑为：“邛、临数邑茶，有火前、火后、嫩绿、黄芽［等］号。又有火蕃饼，每饼重四十两，入西番、党项，重之。如中国名山者，其味甘苦。《太平寰宇记》卷七五。”

综合《事类赋注》和《太平寰宇记》所记，分别辑出两条。

“蜀州”条辑自《太平寰宇记》卷七五和《事类赋注》卷一七。

《太平寰宇记》卷七五云：“又《茶谱》云：蜀州晋原、洞口、横源、味江、青城，其横源雀舌、鸟嘴、麦颗，盖取其嫩芽所造，以其芽似之也。又有片甲者，即是早春黄茶芽叶相抱如片甲也；蝉翼者，其叶嫩薄如蝉翼也，皆散茶之最上也。”

《事类赋注》卷一七云：“《茶谱》曰：蜀州雀

舌、鸟嘴、麦颗，盖取其嫩牙所造，以其牙似之也。又有片甲者，牙叶相把如片甲也；蝉翼者，其叶嫩薄如蝉翼也。”

“牙”应作“芽”。“把”应作“抱”。

综合两书所记辑出。

“［绵州］：龙安有骑火茶”条辑《事类赋注》卷一七。

《事类赋注》卷一七云：“《茶谱》曰：‘龙安有骑火茶，最上，言不在火前、不在火后作也，清明改火，故曰火。’”

“［渠州］：渠江薄片”条辑自《事类赋注》卷一七。

《事类赋注》卷一七云：“［茶］则有渠江薄片，《茶谱》曰：‘渠江薄片，一斤八十枚。’”按云：“以上山南西道一州。”唐、五代渠江在渠州，故将其辑为渠州渠江，属山南西道。

朱自振、沈冬梅、增勤《中国古代茶书集成》辑为：“［渠州］渠江薄片，一斤八十枚。《事类赋注》卷一七按：‘以上山南西道一州。’”

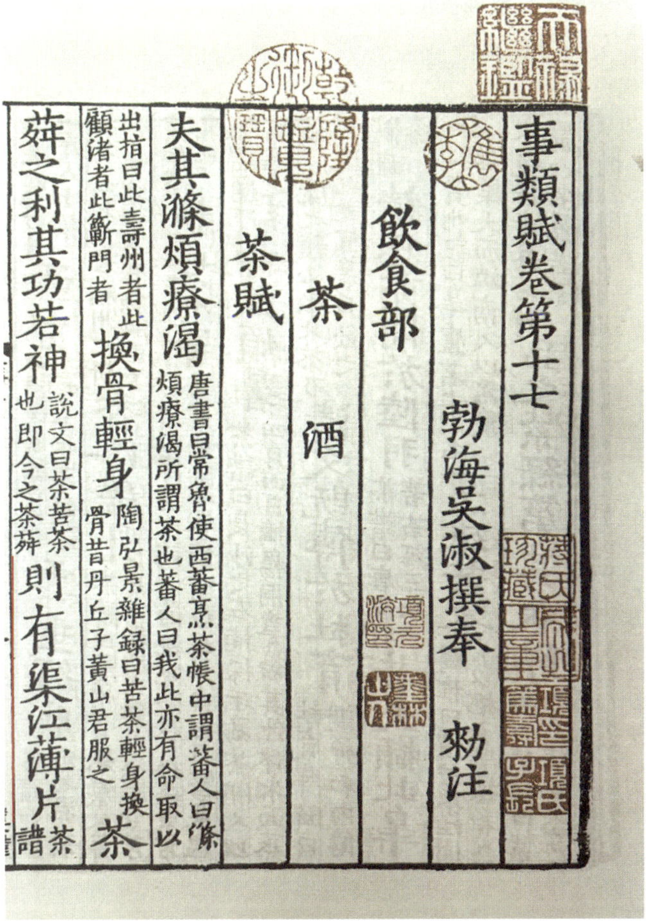

事類賦卷第十七

勃海吳淑撰奉　勑注

飲食部

茶　酒

茶賦

夫其滌煩療渴唐書曰常魯使西蕃烹茶帳中謂蕃人曰滌煩療渴所謂茶也蕃人曰我此亦有命取以出揃曰此壽州者此顧渚者此蘄門者換骨輕身陶弘景雜録曰苦茶輕身換骨昔丹丘子黃山君服之茶荈之利其功若神說文曰茶苦茶也即今之茶荈則有渠江薄片茶譜

《事类赋注》宋绍兴十六年两浙东路茶盐司刻本引《茶谱》云：『则有渠江薄片。』

方健《中国茶书全集校证》辑为："潭、邵之间有渠江，中有茶而多毒蛇猛兽。乡人每采撷不过十六七斤，其色如铁而芳香异常，烹之无滓也。《太平寰宇记》卷一一四。""渠江薄片，一斤八十枚。《事类赋注》卷一七引《茶谱》。"

"婺州"条辑自《事类赋注》卷一七。

《事类赋注》卷一七云："《茶谱》曰：'婺州有举岩茶，斤片方细，所出虽少，味极甘芳，煎如碧乳也。'"据文辑出。

"［福州］"条辑自《太平寰宇记》卷一〇一。

《太平寰宇记》卷一〇一云："《茶经》云：'建州方山之芽及紫笋，片大极硬，须汤浸之方可碾。极治头痛，江东老人多味之。'"

考《茶经》并无此条，应为《茶谱》。

方山在闽侯县，不属于建州。

"［宣州］：宣城县"条辑自《全芳备祖》后集卷二八、《事类赋注》卷一七、《古今合璧事类备要》外集卷四二。

《古今合璧事类备要》外集卷四二云："宣州宣城县有茶山，其东为明日所烛，号曰'阳坡'，其茶最胜，形如小方饼，横铺茗芽其上。太守荐之京洛，题曰'阳坡茶'。杜牧诗云：'山实东吴地，茶称瑞草魁。'毛文胜《茶谱》。"

《全芳备祖》后集卷二八云："宣州宣城县有茶山，其东为朝日所烛，号曰阳坡，其茶最胜，形如小方饼，横铺茗芽其上。太守常荐之京洛，题曰'阳坡茶'。杜牧《茶山诗》云：'山实东吴秀，茶称瑞草魁。'"

《事类赋注》卷一七云："《茶谱》曰：'宣城县有丫山小方饼，横铺茗牙装面，其山东为朝日所烛，号曰阳坡，其茶最胜。太守尝荐于京洛，人士题曰：丫山阳坡横纹茶。'"

此条，三书均言源自《茶谱》，比较三书所记，《全芳备祖》后集卷二八和《古今合璧事类备要》外集卷四二所记都比较完整，故取之为主，《事类赋注》卷一七作补。"东吴地"应为"东吴秀"，"毛文胜"应为"毛文锡"。

朱自振、沈冬梅、增勤《中国古代茶书集成》辑为："宣州宣城县有茶山，其东为朝日所烛，号曰阳

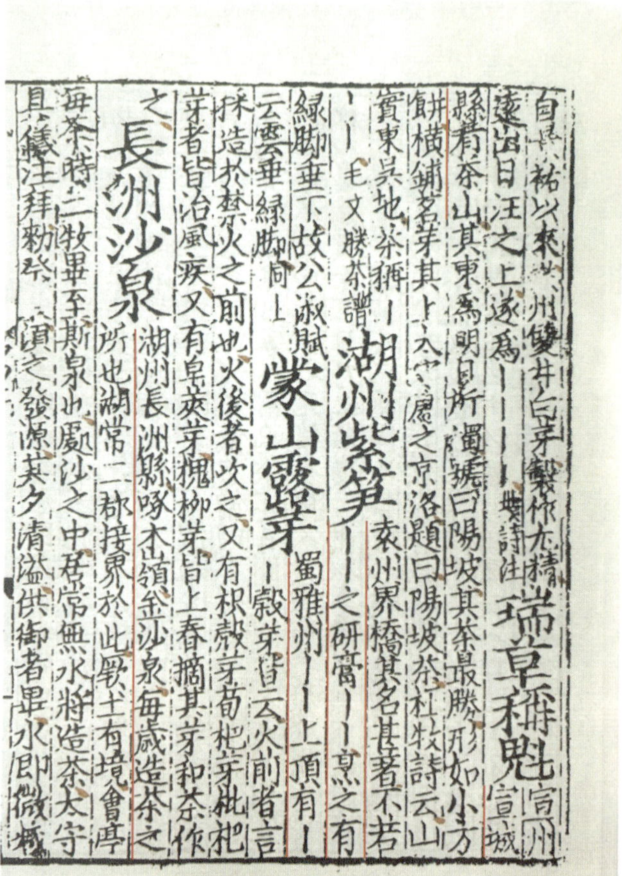
自景祐以來洪州雙井白芽製作尤精
遠出日注之上遂爲｜｜｜歐詩注 瑞草稱魁 宣州宣城
縣有茶山其東爲明月嶺蜀號曰陽坡其茶最勝形如小方
餅横鋪茗芽其上太守嘗薦之京洛題曰陽坡茶杜牧詩云山
實東吳地茶稱｜｜ 湖州紫笋 袁州界橋其名甚著不若
｜｜毛文勝茶譜 ｜｜之研膏｜｜烹之有
綠脚垂下故公淑賦 蒙山露芽 蜀雅州｜｜上頂有｜
云雲垂綠脚同上 ｜穀芽皆云火前者言
採造於禁火之前也火後者次之又有枳殼芽苟杞芽枇杷
芽者皆治風疾又有皂莢芽槐柳芽皆上春摘其芽和茶作
之 長洲沙泉 湖州長洲縣啄木嶺金沙泉每歲造茶之
所也湖常二郡接界於此厥土有境會亭
每茶時二牧畢至斯泉也處沙之中居常無水將造茶太守
具儀注拜勑祭泉之發源其夕清溢供御者畢水即微減

《古今合璧事类备要》外集，中国国家图书馆藏宋刻本。载《茶谱》『宣州宣城县有茶山，……』『袁州界桥其名甚著，不若湖州之研膏紫笋……』『蜀雅州蒙山露芽……』『湖州长洲县啄木岭金沙泉，每岁造茶之所也……』等。

坡，其茶最甚，形如小方饼，横铺茗芽其上，太守常荐之京洛，题曰阳坡茶。杜牧《茶山诗》云：‘山实东吴秀，茶称瑞草魁。’《全芳备祖后集》卷二八。”“宣城县有丫山小方饼，横铺茗芽装百，其山东为朝日所烛，号曰阳坡，其茶最胜。太守尝荐于京洛人士，题曰丫山阳坡横纹茶。《事类赋注》卷一七按：以上二则引录水同，故并条之。”

方健《中国茶书全集校证》辑为：“宣州：宣城县有茶山，其东为朝日所灼，号曰阳坡，其茶最胜。形如小方饼，横铺茗芽其上。太守常（尝）荐之京洛［人士］，题曰阳坡茶。杜牧《茶山诗》云：‘山实东吴秀，茶称瑞草魁。’《全芳备祖》后集卷二八，《古今合璧事类备要》外集卷四二。”

“袁州”条辑自《全芳备祖》后集卷二八、《事类赋注》卷一七及《古今合璧事类备要》外集卷四二。

《全芳备祖》后集卷二八云：“袁州界桥，其名甚著，不若湖州之研膏紫笋，烹之有绿脚垂下，故公淑赋云：‘云垂脚下。’同上（按：即《茶谱》）。”

《事类赋注》卷一七云：“《茶谱》曰：‘袁州之界桥，其名甚著，不若湖州之研膏紫笋，烹之有绿脚

《全芳备祖》，燕京大学图书馆藏宋钞本。载《茶谱》『袁州界桥，其名甚著，不若湖州之研膏紫笋，烹之有绿脚垂下……』『建州北苑先春龙焙……』等。

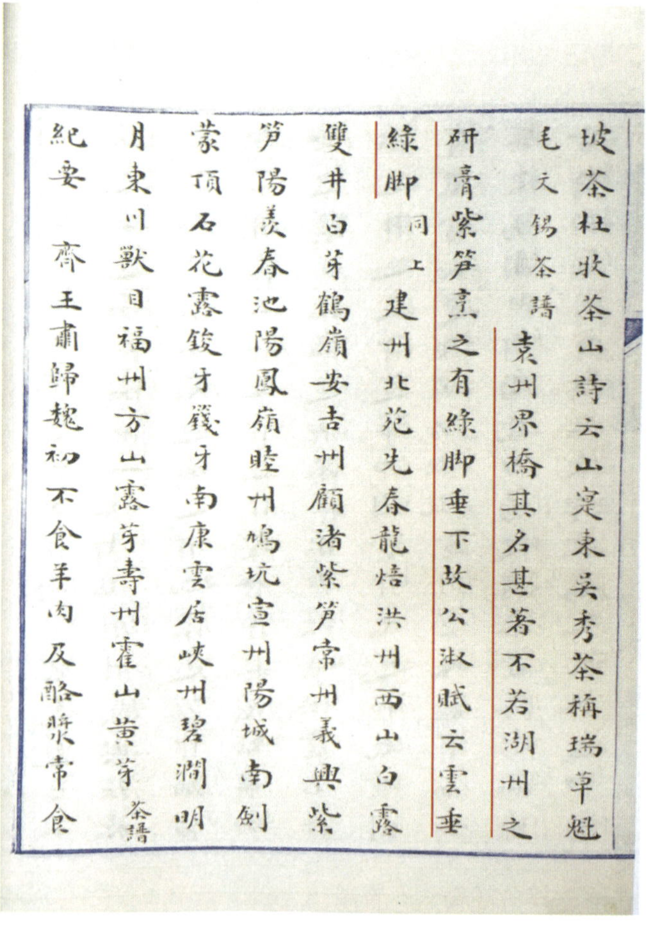
坡茶杜牧茶山詩云山實東吴秀茶稱瑞草魁
毛文錫茶譜　袁州界橋其名甚著不若湖州之
研膏紫笋烹之有綠脚垂下故公淑賦云雲垂
綠脚 同上　建州北苑先春龍焙洪州西山白露
雙井白芽鶴嶺安吉州顧渚紫笋常州義興紫
笋陽羡春池陽鳳嶺睦州鳩坑宣州陽城南劍
蒙頂石花露鋑才纖牙南康雲居峽州碧澗明
月東川獸目福州方山露芽壽州霍山黃芽 茶譜
紀要　齊王肅歸魏初不食羊肉及酪漿常食

垂下。’”

《古今合璧事类备要》外集卷四二：“袁州界桥，其名甚著，不若湖州之研膏紫笋，烹之有绿脚垂下，故公淑赋云：‘云垂绿脚。’同上。”

三书记载基本相同，且均注明源于《茶谱》。比较三书记载，《全芳备祖》后集卷二八最善。《事类赋注》无“故公淑赋云：‘云垂脚下’”句，《古今合璧事类备要》外集最后句为“故公淑赋云：‘云垂绿脚’”。“陆脚垂下”应为“绿脚垂下”。“毛文胜”应为“毛文锡”。综合三书记载，以《全芳备祖》后集卷二八为主，辅以其他两书所记，辑出。

“衡州”条辑自《事类赋注》卷一七。

《事类赋注》卷一七云：“《茶谱》曰：‘衡州之衡山，封州之西乡，茶研膏为之，皆片团如月。’”

“蕲州”条辑自《古今合璧事类备要》外集卷四二和《事类赋注》卷一七。

《古今合璧事类备要》外集卷四二云：“蕲州团黄有一旗二枪之号，其言一叶三芽也。”“三”，疑应为“二”。

《事类赋注》卷一七云：“《茶谱》曰：‘团黄有一旗二枪之号，言一叶二牙也。’”“牙”，应为“芽”。

综合两书所记，辑出。

注释

（1）茶之造：即指茶叶的制造、制作。

在数千年的历程中，茶叶经历了药用、食用、饮用的发展变迁。随着功用变化、应用变迁，茶叶的制造、制作也在不断发展丰富。唐代陆羽《茶经》记载的制茶法，就是将鲜茶叶㩴成球，挤出汁，压成饼，再烘干。唐代及以前制作的饼茶一般都是压成饼状后，串成串，统一烘干。饮用时，将茶饼撬成小块，研磨成粉末，倒入汤锅煎煮。

各类茶风味各异，制作工序也有不同。换句话说，不同的制作方法，造就了茶叶的不同品质，决定了茶叶的不同风味。1979年，安徽农业大学陈椽先生首次将中国茶叶品类分成六大类，就是依照茶叶制作品质的等级和茶叶中茶多酚的酶促氧化程度来划分的。陈椽先生划分的六大类是：绿茶、黄茶、黑茶、白茶、青茶（又称乌龙茶）和红茶。

茶叶制造是决定茶叶品质的重要因素。同一品种茶树叶，采用不同的制造工艺，可以生产出不同品类的茶叶。尽管茶制作方法有较大差异，但总结今天各类茶叶的制作程序，一般可概括为采青、萎凋、杀青、揉捻、发酵、干燥（初制茶）、精制、加工、包装等制作过程。这些茶叶制作的基本环节，六大茶类在具体制作过程中有所取舍。比如绿茶就没有发酵的过程，黄茶增加了焖黄的过程，黑茶增加了渥堆的过程，等等。

《茶谱》记录的茶类已涉及绿茶、黑茶、黄茶、白茶等多种茶类元素，茶叶制造也较为丰富。

（2）研膏茶：将鲜茶叶蒸焙后放在臼里加水研磨成膏，再成团、成型的茶，指研磨成膏制成的饼茶或砖茶。“作片进之”句，即知蒙顶研膏茶为圆形薄片成型茶。唐李郢《茶山贡焙歌》：“蒸之馥之香胜梅，研膏架动轰如雷。”清梁章钜《归田琐记·品茶》：“贞元中，常衮为建州刺史，始蒸焙而研之，谓之研膏茶。”[36]

（3）火前：寒食节前谓火前，火前茶即指寒食节禁火前采摘制作的茶。火后茶，即指寒食节禁火后采摘制作的茶。五代齐己《咏茶十二韵》：“甘传天下口，贵占火前名。”比火前茶采制更早一点的茶叫社

[36] 陈祖槼、朱自振：《中国茶叶历史资料选辑》，中国农业出版社，1981年，第401页。

前茶。宋王观国《学林·茶》云："茶之佳品，摘造在社前。其次则火前，谓寒食前也。其下则雨前，谓谷雨前也。"[37]立春之后，第五个戒日称为社日，祭祀土神。社日一般在立春41—50天之间，约春分时节，比清明节早一个月左右，茶叶早发品种在惊蛰和春分时萌芽，此时采制的茶叶为社前茶。《宋史·食货志下六》："建宁腊茶，北苑为第一，其最佳者曰社前，次曰火前，又曰雨前，所以供玉食，备赐予。"[38]

[37] 陈祖椝、朱自振：《中国茶叶历史资料选辑》，中国农业出版社，1981年，第253页。

[38] [元]脱脱等撰：《宋史》，中华书局，1977年，第4509页。

[39] 杨天才译注：《周易》，中华书局，2016年，第214页。

（4）压膏露芽：一种型制茶，类同研膏茶。茶叶蒸焙后研压制成的一种型茶，砖茶。成型圆薄片上加履一层压磨出的茶汁。冬芽，开春第一次采摘的冬季萌发的茶芽制作的茶叶。

（5）甲坼（chè）：裂开也，原指草木发芽时种子外皮裂开。《周易·解卦》："天地解而雷雨作，雷雨作而百果草木皆甲坼。"[39]这里指茶芽开苞开裂，即茶芽萌发也，蒙顶山特有现象，茶树隆冬季仍有茶芽萌裂，待开春首采，制作出第一批新茶，这批茶芽多带有包壳，此冬芽即是。

（6）眉州：今四川眉山市，位于四川盆地成都平原西南边缘，古称眉州。自南齐建武二年（495）建制以来，已有1500多年。西魏废帝三年（554）改青州置眉州，治齐通（隋改通义，宋改眉山，即今市）。唐辖境相当今四川眉山、丹棱、洪雅、青神等地。前后蜀时期仍属眉州，洪雅、昌阖、丹棱为眉州所辖三县。洪雅，地处四川盆地西南边缘，其名源于县东北的洪雅川（今名安溪河）。北周保定二年（562）始置洪雅县，治所在今丹棱县城厢镇，唐初撤洪雅县置犍州，贞观元年（627）复置洪雅县，前后蜀时期沿唐制。昌阖，眉州辖县。丹棱，眉州辖县，今眉山市丹棱县，地处四川盆地成都平原西南边缘，南齐置齐乐县，后改为洪雅县，隋开皇十三年（593），改洪雅县为丹棱县。据吕式斌《今县释名》："县北有赤崖山，高耸赤色有棱，如鸟游之状，拱翼县治，丹棱之名，盖取诸此。"眉州三县均在四川盆地西南边缘，历史上都是著名的产茶区。其制茶品，既有如蒙顶山之饼茶，又有"叶大而黄"的散茶。片甲，原指片状鳞甲。蝉翼，蝉，别称知了，生活在温带至热带地区，长有两对膜翅，即称蝉翼。片甲、蝉翼，均形容茶形薄，并以谓茶。这里称眉州三地的散茶"叶大而黄"的这一种茶最好。"片甲""蝉翼"两种茶，采摘稍晚，其品质稍次。

（7）邛州：古称临邛，自古有“天府南来第一州”之称，始建于公元前311年，是四川最早的四大古城之一。自秦汉始，历代多置为州郡，其辖地、治所常移。南朝梁置邛州。唐初治依政（今邛崃东南），显庆中移治临邛（今邛崃）。辖今四川邛崃、大邑、蒲江等市县地。历史上邛州与雅州辖地多有交集。

清代康熙《邛州直隶州志》亦载邛州自秦汉以来，“虽时升为郡，时降为邑，又复降，又复生，而邛之名则易世后相仍不改，直与华阳、黑水称并永焉”。自南北朝梁孝元帝承圣元年（552）改蒲口顿置州至唐末五代，邛州建置数度变化。

《茶谱》记载的邛州或“邛、临数邑”，当指今成都邛崃、大邑、蒲江，雅安市名山、雨城、荥经等地。邛崃为古南方丝绸之路西出成都第一城，是卓文君的故乡，西汉时司马相如和卓文君在这里的一段爱情佳话迄今相传。这里产茶历史悠久，自古就是重要的茶产区。民国《邛崃县志》载，“邛州产茶十八堡名目：花楸、天台、相台、骡马、天池、牛心、红晓、盐井、雾清、中锋、石匣、水口、横山、左坝、飞龙、小凤、木樠、朱璜”，“其时邛州产茶之地，何止十八堡，龙溪、川溪、双河、三坝，皆产白毫。收茶之时，又何止谷雨，西南北诸山，处处产茶，自春及秋，均可采撷”[40]。其中的红晓、盐井、雾清等地属火井。清《邛州直隶州志》：“临邛有火井茶场。邛州贡茶，造茶为饼二两，印龙凤形于上，饰以金箔，每八饼为一斤，入贡，俗称砖茶。”[41]所产茶叶有火前、火后、嫩绿、黄芽等之谓，尤以火番饼“重之”。

（8）火番饼：经特别工艺精制而成的饼制茶。其言火番之“火”，因该茶使用禁火节前后采取的鲜叶原料用火烘制加工而成，故有“火”。“番”，指该茶主要为吐蕃地区的土番、党项等少数民族之用，故为“番”。“饼”是指压制成饼状的紧压茶。火番饼是中国最早的黑茶，黑茶之祖。元代称“西番茶”，《饮膳正要》：“西番茶，出本土，味苦涩，煎用酥油。”[42]明代称“乌茶”，清代因成都出南门以远的邛崃、名山、雅安、荥经、天全等传统茶产区而得名“南路边茶”。

（9）蜀州：唐垂拱二年（686）置，治所在今四川崇州。晋原、洞口、横源为今崇州市西北怀远镇；味江，因青城山西侧长乐山下之江得名。相传蜀王征西

[40] 吴觉农：《中国地方志茶历史资料选辑》，中国农业出版社，1990年，第698页。

[41] 吴觉农：《中国地方志茶历史资料选辑》，中国农业出版社，1990年，第697页。

[42] 陈祖椝、朱自振：《中国茶叶历史资料选辑》，中国农业出版社，1981年，第286页。

番，适有野人以壶浆献，王投之江中，使三军饮之，皆醉，故名味江。青城，古为蜀州辖县，今四川青城山。雀舌、鸟嘴均为茶名，为嫩芽所造。其芽似雀舌，似鸟嘴，似麦颗麦粒。片甲、蝉翼，前已述，为散茶之最。

（10）骑火茶：茶名，清明前后采制的茶。

（11）渠州：南朝梁大同三年（537）置，治所在北宕渠郡，今四川渠县。唐武德元年（618）复为渠州。天宝元年（742）改为邻山郡。乾元元年（758）复为渠州。治流江县（今渠县）。属山南西道，辖境相当于今四川省渠县、大竹、邻水、广安等县地。《辞海》曰："北周置流江县。唐为渠州治，元入渠州，明改渠县。以渠江得名。"渠江，长江支流嘉陵江左岸最大支流，也称渠河，古称"潜水""宕渠水"。因潜水纵贯宕渠县境，此后即称为渠江或渠河。中国另有一渠江，即湖南省资江一级支流，发源于雪峰山余脉，经安化县渠江镇晏家村流入安化境内。这里所言渠江，一说今四川渠县境内之渠江，因为这里明确指为渠州渠江，唐及前后蜀时期的渠州只有一个，即为今四川境内之渠县；一说湖南安化之渠江。巧合的是湖南渠江和四川渠江一带均为历史上著名的产茶区，至今不衰，特别是今湖南渠江流域的安化，其黑茶名满天下。渠江薄片，指渠州渠江流域所产的饼形薄片发酵茶，形小而薄，八十枚才一斤。

（12）婺州：古称金华，隋开皇九年（589）置婺州，治金华（今市）。大业三年（607）复置东阳郡。唐武德四年（621）复改婺州。天宝元年（742）改婺州为东阳郡，乾元元年（758）复为婺州。唐辖境相当今浙江武义江、金华江流域各市县。

（13）举岩茶：又称金华岩茶，产于今浙江金华以北一带，产地峰石奇异，巨岩耸立，此石犹如仙人所举，因而此处所产之茶名曰“举岩茶”。宋代吴淑在《茶赋》赞其举岩茶“涤烦疗渴，换骨轻身，茶荈之利，其功若神”。举岩茶明清皆为贡品，今仍盛。

（14）方山之芽：即方山露芽，紫笋茶，前已述。此言“片大极硬，须汤浸之方可碾”，因此茶制作最具功夫，深压成形，片饼坚实，碾末时需先浸泡。

（15）袁州：今江西宜春市境。汉时置宜春县，辖袁河流域。隋开皇十一年（591）置袁州。因境内袁山得名。治宜春（今市）。唐辖境相当今江西萍乡市和新余市以西的袁水流域。五代十国时期此地先后属吴、南唐。界桥茶，唐时始有名。公淑，即吴淑（947—1002），润州丹阳人（今湖北），曾仕南唐，入宋，授大理评事，历太府寺丞、著作佐郎，参编《太平御览》《太平广记》等，现存《事类赋注》三十卷、《江淮异人录》三卷等，五代至宋文学家。云垂绿脚，喻界桥茶作斗茶时，茶沫退散后碗壁水痕之状。吴淑《茶赋》云："西山白露，云垂绿脚。香浮碧乳，挹此霜华。"

（16）衡州：衡阳之古称，历史上曾为衡州府，今为湖南省地级市。隋开皇中置州，治衡阳（今市）。以衡山得名。唐辖境相当今湖南衡阳、安仁、攸县、茶陵、炎陵、衡东、衡山、常宁、耒阳等市县地。五代十国时期，马殷在湖南建楚国，仍置衡阳。衡阳因衡山而名，衡山又名南岳、寿岳、南山，为"五岳"之一，位于湖南省中部偏东南部。我国现存最早的天文学专著《甘石星经》载，因其山位于星座二十八宿的轸星之翼，"变应玑衡""铨德钧物"，犹如衡器，可称天地，故名衡山。

（17）封州：古州名，今广东省封开县。隋文帝开皇十年（590）置，以境内封溪水得名，治封川县（今广东封开县东南封川镇）。这里把衡州茶和封州西乡茶同列，其茶相似，皆为研膏而制的型制片团，其片团形如月，赞其制工。

（18）蕲州：今湖北省蕲春县境。南朝陈改罗州置蕲州，治齐昌（隋改蕲春，今蕲春西南蕲州镇西北，南宋移今蕲州镇）。唐辖境相当今湖北长江以北，巴河以东地区。

（19）团黄：历史名茶，唐李肇《唐国史补》记："寿州有霍山之黄牙，蕲州有蕲门团黄，而浮梁之商货不在焉。"[43]并把团黄列为十四品目，贡品名茶之第三。《新唐书·地理志》："蕲州蕲春郡上土贡：白纻，簟，鹿毛笔，茶，白花蛇，乌蛇脯。"[44]其茶以采一叶二芽制作，故称"一旗二枪"。

[43] 陈祖槼、朱自振：《中国茶叶历史资料选辑》，中国农业出版社，1981年，第213-214页。

[44] 陈祖槼、朱自振：《中国茶叶历史资料选辑》，中国农业出版社，1981年，第464页。

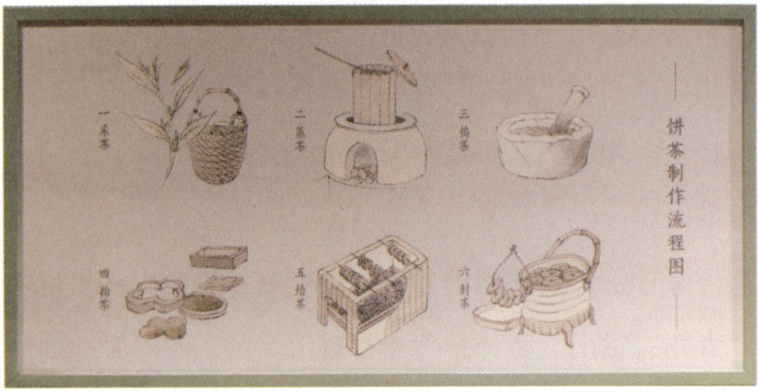

饼茶制作流程图

上　清道光广彩瓷盘（运茶图、装茶图、制茶图）

下　唐白釉茶具模型

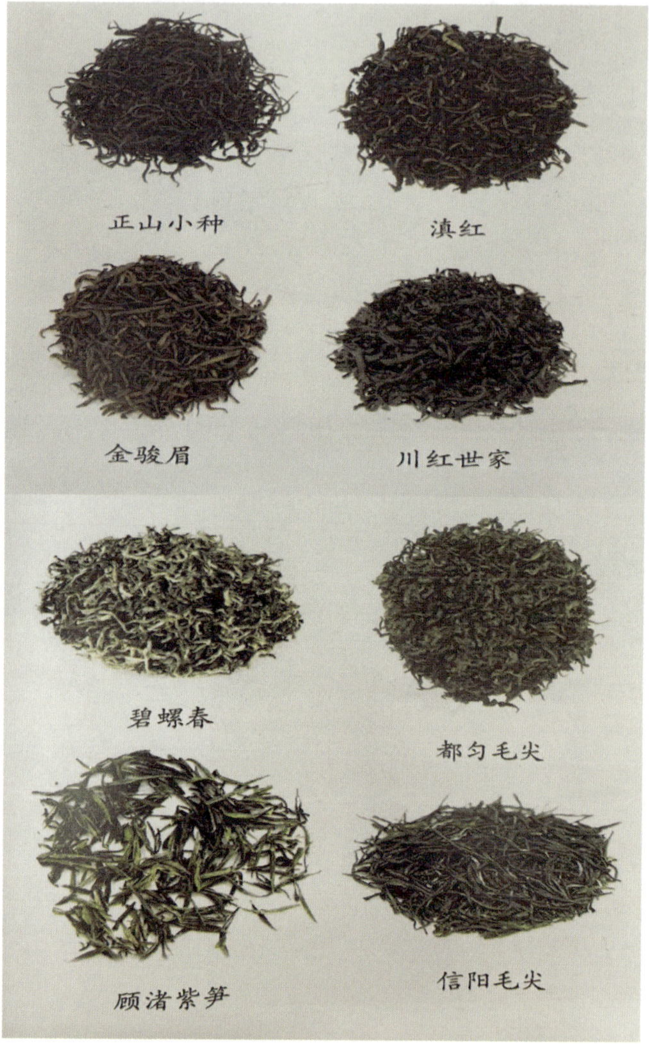

中国名茶成品茶（作者选摄）

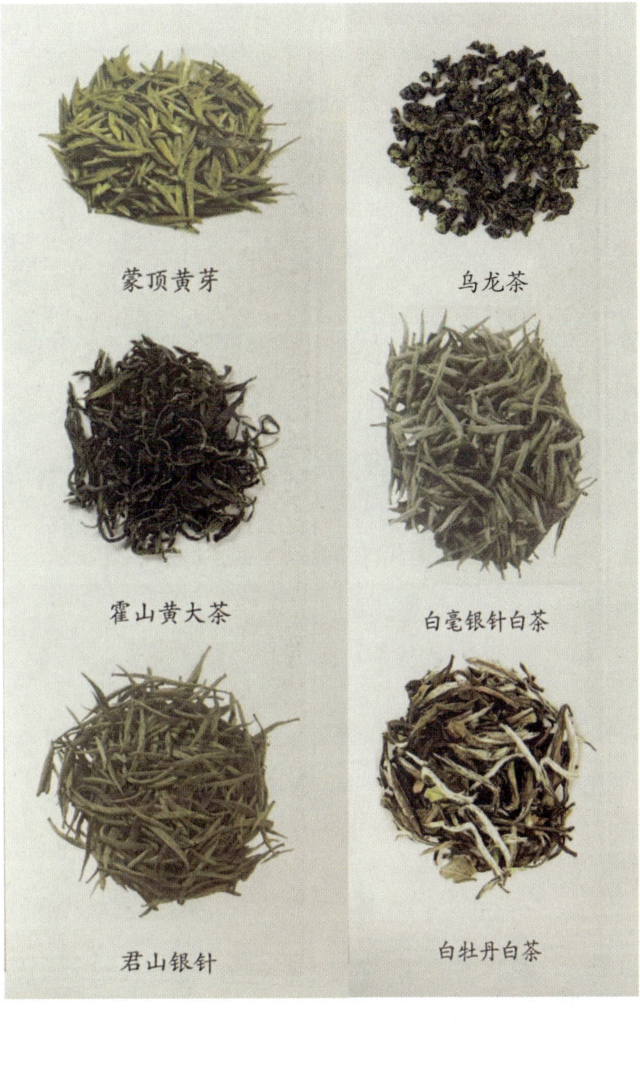

中国名茶成品茶（作者选摄）

四川雅安藏茶（拍于雅安兄弟友谊藏茶馆）

四　茶之功[1]

泸州[2]：泸州有茶树，夷獠[3]常携瓢置其侧，每登树采摘芽茶，必含于口，待其展，然后置于瓢中，旋塞其窍[4]。归必置于暖处，其味极佳。又有粗者，其味辛而性热，彼人云“饮之療风”，通呼为泸茶。

［福州］：方山之芽及紫笋，片大极硬，须汤浸之方可碾。极治头痛，江东老人多味之。

鄂州[5]：鄂州之东山、蒲圻、唐年县大［茶］，黑色，如韭叶，极软，治头痛。

［潭州］[6]：长沙之石楠，其树如棠、柟，采其芽，谓之茶。湘人以四月四日摘杨桐草，捣其汁，拌米而蒸，犹糕糜之类。必啜此茶，乃其［去］风也，尤宜暑月饮之。

忠州[7]：忠州之南宾，有四国：一多陵，二多婆，三罗波，四思龙，皆方饼。惟多陵最上，饭后饮之消食，空腹忌饮。多婆次之，二国下。

辑佚

“泸州”条辑自《太平寰宇记》卷八八、《方舆胜览》卷六二和《古今合璧事类备要》外集卷四二。

《太平寰宇记》卷八八："按《茶经》云：'泸州之茶树，夷獠常携瓢穴其侧，每登树采摘芽茶，必含于口，待其展，然后置于瓢中，旋塞其窍，比归必置于暖处，其味极佳。又有粗者，其味辛而性热，彼人云饮之瘵风，通呼为泸茶。'"

《方舆胜览》卷六二云："［泸茶，］《茶经》云，泸州之茶树，夷獠常携瓢穴其侧，每登树采摘芽茶，必含于口，待其展，然后置于瓢中，旋塞其窍，归必置于暖处，其味极佳。"

《古今合璧事类备要》外集卷四二云："泸州有茶树，夷僚常携瓢寘侧，登树采摘芽叶，必先含于口中，待其止展，然后致于瓢中，旋塞其窍。归必致暖处，其味极佳，辛而性热，彼人云'饮之瘵风'。"

三书所记，《太平寰宇记》《方舆胜览》均言此条引自《茶经》，考《茶经》并无此条。《古今合璧事类备要》外集引此条未言出处。综合考量，此条应源自《茶谱》，故辑出。

《太平寰宇记》言"携瓢穴其侧"，《古今合璧事类备要》外集言"携瓢寘侧"，《古今合璧事类备要》外集正确。"穴其侧"，应为"寘侧"之伪，即竖写误分"寘"字作"穴其"二字，改回。寘，zhì，同

“置”，放，搁也。唐宋时期，泸州为西南各少数民族聚居地，时人称之为西南夷，宋人任汲《题泸州安乐山》诗云：“地兼夷汉重。”故对其有夷獠之谓。

综合三书所记辑出。

“［福州］：方山之芽”条辑自《太平寰宇记》卷一〇一。

《太平寰宇记》卷一〇一云：“《茶经》云：‘建州方山之芽及紫笋，片大极硬，须汤浸之方可碾。极治头痛，江东老人多味之。’”

考《茶经》并无此条，应为《茶谱》。

“鄂州”条辑自《太平寰宇记》卷一一二。

《太平寰宇记》一一二云：“《茶谱》云：‘鄂州之东山、蒲圻、唐年县大［茶］，黑色，如韭叶，极软，治头痛。’”

“［潭州］：长沙之石楠”条辑自《太平寰宇记》卷一一四和《事类赋注》卷一七。

《太平寰宇记》卷一一四云：“长沙之石楠，其树如棠、枏，采其芽，谓之茶。湘人以四月摘杨、桐叶，捣其汁，伴米而蒸，犹餻糜之类，必啜此茶，乃其风也。尤宜暑月饮之。”“潭、邵之间有渠江，中有茶，而多毒蛇猛兽，乡人每年采撷，不过十六七斤。其色如铁，而芳香异常，烹之无滓也。”

《事类赋注》卷一七云：“《茶谱》曰：‘长沙之石楠，采牙为茶，湘人以四月四日摘杨桐草，捣其汁伴米而蒸，犹餻糜之类。必啜此茶，乃去风也，尤宜暑月饮之。”餻糜，米粉制作的糕。

《太平寰宇记》卷一一四和《事类赋注》卷一七所记，从“长沙之石楠”句至“尤宜暑月饮之”，基本相同，《事类赋注》卷一七明确标明其内容源自《茶谱》，故将这部分全部辑出。《太平寰宇记》卷一一四所记此段，之后还有一段，即“潭、邵之间有渠江”至“烹之无滓也”句，《事类赋注》无，且没注明出处，故不辑。“牙”，应为“芽”。

综合二书所记，辑出。

“忠州”条辑自《古今合璧事类备要》外集卷四二。

《古今合璧事类备要》外集卷四二云：“忠州之南宾，有四国：一多陵，二多波，三罗波，四思龙，皆方饼。惟多陵最上，饭后饮之消食，空腹朔饮。多波次之，二国下。”“朔”，疑应为“忌”；“国”，疑应为“园”。

注释

（1）茶之功：即茶的功效、功用。人类对茶的功效、功用的认识经历过漫长的历史。一般认为茶之为饮，始于神农，神农尝百草而识茶，对茶的描述是生津止渴、提神排毒。这是一种对茶的药用功效、功用的认识。历史上，茶曾充当过祭品、礼品、饮品、药品、食品等多种角色，发挥过多种功能。人们对茶叶认知逐渐深化，发现茶有多种功效。茶叶对人类的药用到食用再到饮用，经历了几千年的时间。

根据古代文献的相关记录，一些学者总结出茶有解毒、清热、驱睡、明目、止渴生津、醒脑、清暑、消食、醒酒、去腻、下气、利水、治痢、祛痰、祛风、坚齿、疗疮、疗饥、益气力、治心痛、通便、治蒌、延年益寿等二十几种功效。

《格物粗谈》称茶叶“建兰生虱斑，以好冷茶和香油洒叶上，自除”，“陈茶叶烧烟，可辟蚊”[45]，《物

[45] 陈祖椝、朱自振：《中国茶叶历史资料选辑》，中国农业出版社，1981年，第281页。

类相感志》称“陈茶末烧烟，蝇速去”[46]，这些记载是人们在实践过程中对茶的一些特别功效的认识。

[46] 陈祖椝、朱自振:《中国茶叶历史资料选辑》，中国农业出版社，1981年，第248页。

现代研究表明，茶叶含有茶多酚、咖啡碱、茶氨酸等基本成分，对人体具有养生保健功效。茶还有抗菌、抗病毒的功效，比如清理小伤口、止血、止痛等作用相对明显；茶还有软化血管，使血管中血清胆醇和纤维蛋白含量降低，从而降低血脂、软化血管；茶还可解消烟草中的某些毒素，尤其是抑制尼古丁具有明显作用；茶还有抑制人体细胞癌变的作用，对于防癌抗癌具有一定的功效，等等。

毛文锡在《茶谱》中有诸多关于茶叶食用、药用功效的记载。

（2）泸州：古称江阳。南朝梁大同中置泸州，治江阳（隋大业初，改名为泸川县，今泸州市）。唐武德元年（618）复置为泸州，三年（620）置总管府，四年（621）升为都督府。泸州辖泸川县、富义县、江安县、合江县、绵水县。

（3）獠：是古代中央王朝对在中国西南地区部分少数民族的贬称，“獠与俚”常并称“俚獠”“夷獠”等。“獠”也作“僚”。僚人称谓最早出现是在南北朝时期的桂、云、贵、川等地区，后来很多僚人迁回岭南。东晋时，居住在今广西、贵州境内的僚人部分北上进入四川，分布“自汉中以达于邛笮”的广大区域内。唐五代时期，泸州境内住有大量僚人。寘，同置，放，搁也，指僚人常把随身携带的瓢放置在一旁，然后登树采茶。此种茶需攀登上树方可采摘茶叶，显然所采之茶为乔木型大茶树。

（4）窍：窟窿，孔洞也。獠人将茶叶采摘后先含于口中，待芽叶展开，放置瓢中，旋即又塞其孔，回时必置于温暖之处，并言这种茶味极佳。这里的“塞其窍”，即把茶叶塞入温暖的孔洞之中（獠人迷信，不排除把茶叶放在身体中比较温暖的窍位处）。獠人所采之茶，粗老的茶叶味辛而性热，饮后具有疗风之功效，当地人称之为泸茶。

（5）鄂州：旧称吴都，古武昌。今湖北下辖地级市。殷商时为“鄂国”，战国时为鄂邑。秦始皇二十六年（前221），秦置鄂县。隋开皇九年（589）改郢州为鄂州，治江夏（今武汉市武昌区）。唐辖境相当今湖北武汉市长江以南部分、黄石市和咸宁市辖区。唐及五代有变更。东山，古县名，位于湖北省东南部。蒲圻，古县名，即今赤壁市，位于湖北省东南部。唐年，古县名，唐天宝二年（743）置，今湖北省崇阳县西南。五代吴顺义七年（927）改为崇阳，南唐时复名唐年。此三县均产茶，茶叶制成成品茶，其色黑，如韭叶，极软，有治头痛之功效。

（6）潭州：是隋朝至明朝时期作为州治或府治长沙的古称。隋开皇九年（589）改湘州为潭州，治长沙（今市）。唐辖境相当今湖南长沙、株洲、湘潭、益阳、浏阳、湘乡、醴陵等市县地。五代楚在此建都，改为长沙府；后周时仍为潭州，辖境略有扩大。石楠，蔷薇科植物，今多为观赏性灌木。棠、柟，棠和柟均为木本植物，落叶乔木。此言长沙一种名为石楠的植物，似棠棣和桢楠树，当地人采其芽作茶。杨桐草，茶科杨桐属植物，生于山地林中阴处，常绿乔木，湘人四月四日摘杨桐顶芽叶，捣碎取汁拌米粉蒸煮，用作茶饮，成为当地一种风俗。尤其在暑月饮用，具有消暑之功效。

（7）忠州：今重庆忠县的旧称。西汉置临江县，位于重庆市中部。唐贞观八年（634）改临州置忠州。治临江（今忠县）。辖今重庆市忠县、丰都、垫江、石柱等县地。唐太宗时改临江为忠州，感其临江县忠勇志士辈出，故名。南宾为古南宾县治所，今重庆忠县、石柱一带，唐武德二年（619）置，五代十国时仍存，隶属忠州。多陵、多婆、罗波、思龙为南宾县境四个地方，均产茶。尤以多陵茶最佳，多婆茶次之，另外二个地方的茶又次之。多陵茶饮之有消食之功效，空腹时不能饮用。

茶马古道背夫图（厄勒斯特·亨利·威尔逊1908年摄）

上　茶山雪韵（王家斌摄）

下　坐茶馆听评书（戴树良绘）

上左　北宋带盖执壶（陕西省蓝田县吕氏家族墓出土）
上右　唐代邢窑白釉执壶（山西省潞州区屈家庄村唐墓出土）
下　宋代鱼形铜茶研（四川出土）

五　茶之贡[1]

［渝州］[2]：南平县狼猱山茶黄黑色，渝人重之，十月采贡。

峡州：峡州石上紫花芽，理生头痛，年贡一斤。又有小江［园］、明月簝、碧涧簝、茱萸簝之名。

湖州：湖州长兴县啄木岭[3]金沙泉，即每岁造茶之所也。湖、常二郡接界于此。厥土有境会亭，每茶节，二牧皆至。斯泉也，处沙之中，居常无水。将造茶，太守具仪注拜敕祭泉，顷之，发源，其夕清溢。造供御者毕，水即微减；供堂者毕，水已半之；太守造毕，即涸矣；太守或还旆稽期，则示风雷之变，或见鸷兽、毒蛇、木魅焉。

［舒州］[4]：怀宁县多智山，其山有茶及蜡，每年民得采撷为岁贡。秋夏时有毒蛇、沙虱，人不敢登。

辑佚

“［渝州］：南平县”条辑自《太平寰宇记》卷一三六。

《太平寰宇记》卷一三六云：“按《茶谱》云：‘南平县狼猱山茶黄黑色，渝人重之，十月采贡。’”

“峡州”条辑自《古今合璧事类备要》外集卷四二、《全芳备祖》后集卷二八及《事类赋注》卷一七。

《古今合璧事类备要》外集卷四二云：“峡州石上紫花芽，理生头痛，年贡一斤。”

《全芳备祖》后集卷二八云：“峡州，碧涧、明月。……《茶谱》。”

《事类赋注》卷一七云：“《茶谱》曰：‘有小江园明月簝、碧涧簝、茱萸簝之名。’”《唐国史补》卷下：“……峡州有碧涧、明月、芳蕊、茱萸簝。”《膳夫经手录》亦有“茱萸簝”的记载。“簝”，谓“竹”，或“簝叶”，即“竹叶”。

《全芳备祖》后集和《事类赋注》均注明此条源自《茶谱》。综合《古今合璧事类备要》《全芳备祖》《事类赋注》三书所记辑出。

“湖州”条辑自《事类赋注》卷一七及《古今合璧事类备要》外集卷四二。

《事类赋注》卷一七云：“《茶谱》曰：‘湖州长兴县啄木岭金沙泉，即每岁造茶之所也。湖、常二郡接界于此。厥土有境会亭，每茶节，二牧皆至焉。斯泉也，处沙之中，居常无水。将造茶，太守具仪注拜敕祭泉，顷之，发源，其夕清溢。造供御者毕，水即微减，供堂者毕，水已半之，太守造毕，即涸矣。太守或还旆稽期，则示风雷之变，或见鸷兽毒蛇木魅焉。’”

《古今合璧事类备要》外集卷四二云：“湖州长洲县啄木岭金沙泉，每岁造茶之所也。湖、常二郡接界于此。厥土有境会亭，每茶时，二牧毕至。斯泉也，处沙之中，居常无水。将造茶，太守具仪注拜敕祭泉，顷之，发源。其夕，清溢。供御者毕，水即微减。”

另：《嘉泰吴兴志》卷二九载有毛文锡记述金沙泉事，其内容稍减。该书“顷之”句，作“顷之，泉源发渚溢”，其余同。

综合三书所记辑出。

“［舒州］：怀宁县”条辑自《太平寰宇记》卷一二五。

《太平寰宇记》卷一二五“怀宁县多智山”云：“多智山，在县西北三百里，山高九百八十丈。自寿州霍山县西南入怀宁、太湖界，西接蕲州。其山两岸相去十里，北有水一道，流入霍山县界小山，迤逦一百里在，连太湖县。山南有水一道，流入太湖县界。其山有茶及蜡，每年民得采撷为岁贡。秋夏时有毒蛇、沙虱，人不敢登。”

此段未注出处。据同书卷九三引《茶谱》云：“杭州临安、於潜二县生天目山者，与舒州同。”和卷一二五《舒州·土产》又称［贡］“开火茶”，疑此条亦出《茶谱》，故辑出。

注释

（1）茶之贡：贡，古代臣民或属国把物品献给宗主国或朝廷。《禹贡·疏》载：“贡者，从下献上之称，谓以所出之谷，市其土地所生异物，献其所有，谓之厥贡。”可见，贡赋之物，为一地“所生异物”，照今天的话说，即特产。

茶叶作为贡品，起源很早。晋代常璩《华阳国志·巴志》记载：“周武王伐纣，实得巴、蜀之师……土植五谷，牲具六畜。桑、蚕、麻、纻、鱼、盐、铜、铁、丹、漆、茶、蜜、灵龟、巨犀、山鸡、白雉、黄润、鲜粉，皆纳贡之。”[47]这则记载说明，早在周武王伐纣之后，可能茶叶就已经列为巴人进献天子的贡品。茶叶正式作为一种长期进贡之物始于唐代。唐代鼎盛时期，贡茶所涉州郡多至17个，遍及今四川、重庆、湖北、陕

[47] ［晋］常璩：《华阳国志·巴志》，国家图书馆出版社，2018年，第13页。

西、江苏、浙江、福建、江西、湖南、安徽等十余省。土贡演变为赋税，成为一种实物税，贡茶为土贡中的一种，也逐步成为从唐至清代的一种实物税负。随着皇室对贡茶的享用不断升级，为享用“御用珍品”贡茶，官府专门设制茶工坊组织生产。这种贡茶制造更精，品质更优，成为与民间生产的土产贡茶不同的贡茶。前者为土贡制度的赋税茶，后者为官办制茶作坊的“御用珍品”茶。北宋时，宋太宗于太平兴国二年（977）置北苑御焙，派朝臣督造北苑御茶。北苑贡茶，以龙凤图案的模具制作蒸青团茶，称龙凤茶、龙凤团饼、建安官茶等。后来，民间所焙（壑源等）也随之兴旺，发展到鼎盛时期，单建州官私茶焙就达1336处。宋徽宗赵佶在《大观茶论》中说：“本朝之兴，岁修建溪之贡，龙团、凤饼，名冠天下。而壑源之品，亦自此盛。”直至明洪武二十四年（1391），朱元璋下诏罢造龙凤团茶，倡饮散茶，公焙衰亡，团茶向散茶演变，明清贡茶散茶成为主角。土贡制度一直延续到清咸丰年间，才陆续取消。《茶谱》记载了唐末五代时期多个贡茶。

（2）渝州：古地名。隋开皇元年（581）改楚州置渝州，治巴县（今重庆）。唐辖境相当今重庆市江津区、璧山区等地。李白有著名诗篇《峨眉山月歌》提到渝州："峨眉山月半轮秋，影入平羌江水流。夜发清溪向三峡，思君不见下渝州。"南平，古南平县，唐贞观四年（630）置，治今重庆市巴南区东北。狼猱山，狼猱，董其祥《巴渝舞源流考》注为"狼僚"，为僚人一支系，狼猱山多狼僚人居住，其山得名，茶色重，为黄黑（褐）色，当地人极为喜爱重视，每年十月采制作为贡品。

（3）啄木岭：为今江苏宜兴和浙江长兴之间的一座山。啄木岭金沙泉，为长兴县一地名，位于湖州、常州交界处。境会亭，湖、常二守相会之地，湖州、常州两太守每年茶叶入贡之前，都要到毗邻两州的啄木岭境会亭合办茶宴，召集茶人试品贡茶，协商合作。宋史能之《咸淳毗陵志》云："啄木岭，在县（宜兴）东南七十里，唐湖、常二守贡茶相会之地。"[48]

（4）舒州：潜州别称，今为安徽省县级市，为皖国古都，以潜山而名。唐武德四年（621）改同安郡置舒州，治怀宁（今安徽潜山）。辖境相当今安徽天柱山、三官山以南，长江以北地区。唐中和四年（884）杨行密收复舒州后归南唐，舒州仍存。怀宁县，舒州属县，舒州治所多在怀宁。怀宁县多智山产好茶，每年采制作贡茶。

[48] 吴觉农：《中国地方志茶历史资料选辑》，中国农业出版社，1990年，第51页。

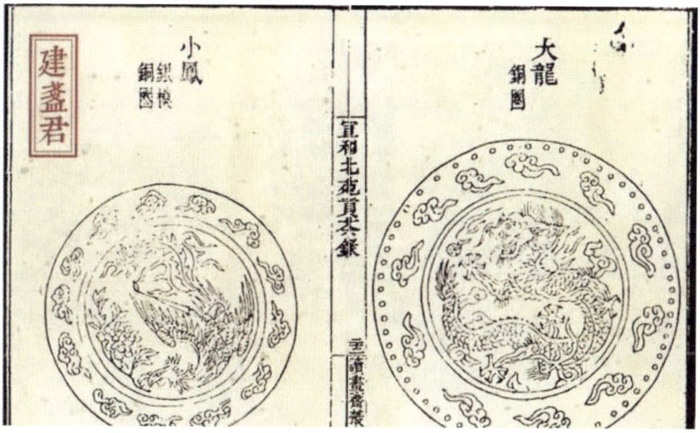

上　龙凤团茶图（选自《宣和北苑贡茶录》）

下　四川雅安蒙顶山皇茶园（拍摄者：张雅琪）

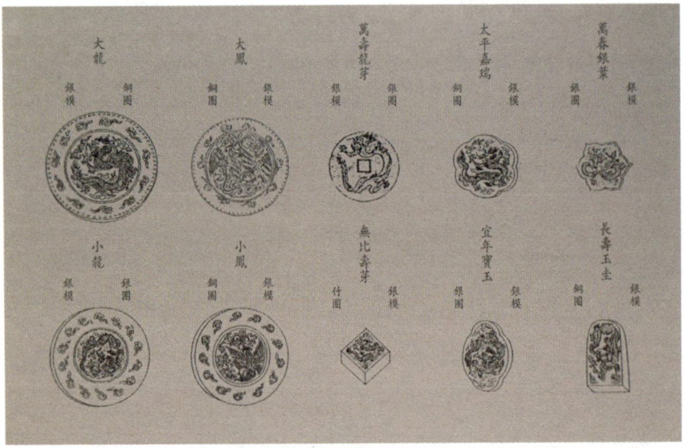

上　四川省雅安市名山区新店镇宋置茶马司遗址

下　宋熊蕃《宣和北苑贡茶录》描绘的贡茶样式

故宫博物院藏清代四川雅安、灌县、邛州贡茶

明宣德青花蓝查体梵文出戟盖罐

六　茶之别[1]

茶之别者，枳壳芽[2]、枸杞芽[3]、枇杷芽[4]，皆治风疾。又有皂荚芽[5]、槐芽[6]、柳芽[7]，乃上春摘其芽，和茶作之。五花茶者，其片作五出花也。

容州黄家洞有竹茶，叶如嫩竹，土人作饮，甚甘美。

长沙之石楠，其树如棠、枏，采其芽，谓之茶。湘人以四月四日摘杨桐草，捣其汁，拌米而蒸，犹糕糜之类。必啜此茶，乃其［去］风也。尤宜暑月饮之。

鄂州之东山、蒲圻、唐年县大［茶］，黑色，如韭叶，极软，治头痛。

南平县狼猱山茶黄黑色，渝人重之，十月采贡。

辑佚

“茶之别者”条辑自《事类赋注》卷一七。

《事类赋注》卷一七云：“《茶谱》曰：‘茶之别者，枳壳牙、枸杞牙，枇杷牙，皆治风疾。又有皂荚牙、槐牙、柳牙，乃上春摘其牙，和茶作之。五花茶者，其片作五出花也。’”

“容州黄家洞有竹茶”条辑自《太平寰宇记》卷一六七。

《太平寰宇记》卷一六七云：“《茶经》云：‘黄家洞有竹茶，叶如嫩竹，土人作饮，甚甘美。’”

考《茶经》，并无此条，为《茶谱》误，故辑出。

“长沙之石楠”条辑自《太平寰宇记》卷一一四和《事类赋注》卷一七。

《太平寰宇记》卷一一四云：“长沙之石楠，其树如棠、枏，采其芽，谓之茶。湘人以四月摘杨、桐叶，捣其汁，伴米而蒸，犹餻糜之类，必啜此茶，乃其风也。尤宜暑月饮之。”“潭、邵之间有渠江，中有茶，而多毒蛇猛兽，乡人每年采撷，不过十六七斤。其色如铁，而芳香异常，烹之无滓也。”

《事类赋注》卷一七云：“《茶谱》曰：‘长沙之石楠，采牙为茶，湘人以四月四日摘杨桐草，捣其汁伴米而蒸，犹餻糜之类。必啜此茶，乃去风也，尤宜暑月饮之。”餻糜，米粉制作的糕。

《太平寰宇记》卷一一四和《事类赋注》卷一七所记，从“长沙之石楠”句至“尤宜暑月饮之”，基本相同，《事类赋注》卷一七明确标明其内容源自《茶谱》，故将这部分全部辑出。《太平寰宇记》卷一一四所记此段，之后还有一段，即“潭、邵之间有渠江”至“烹之无滓也”句，《事类赋注》无，且没注明出处，故不辑。“牙”，应为“芽”。

综合二书所记，辑出。

“鄂州之东山”条辑自《太平寰宇记》卷一一二。

《太平寰宇记》一一二云：“《茶谱》云：‘鄂州之东山、蒲圻、唐年县大［茶］，黑色，如韭叶，极软，治头痛。’”

“南平县狼猱山茶黄黑色”条辑自《太平寰宇记》卷一三六。

《太平寰宇记》卷一三六云：“按《茶谱》云：‘南平县狼猱山茶黄黑色，渝人重之，十月采贡。’”

注释

（1）茶之别：指与茶不同的“茶”，即另类茶。这些“茶”与茶的作用相似，可以作饮料，但是它又不同于茶。按今天的茶叶基本分类定义为“非茶之茶”。

《茶谱》以“茶之别”总结列出了多个和茶一样作

饮料之用的茶，即非茶之茶。

别，本意为分解。《说文》：“别，分解也。”这里引申为“不同”“特殊”“区别”等意。茶之别者，指与茶不同的“茶”，与茶一样作饮料，作茶之用，但又不同于茶。按今天的茶叶基本分类，定义为“非茶之茶”，因其和茶叶一样可以冲泡成饮，但本质上又和茶叶有别，不属同一类物种，学界将其定义为“非茶之茶”。比如今天流行于世的“苦荞茶”“苦丁茶”“杜仲茶”等等。毛文锡在这里谓之“茶之别”者，是指用一些植物芽叶做茶饮的“非茶之茶”。早在一千多年前，毛文锡就看到一些地方的人制作饮用与茶有着本质区别的“非茶之茶”。

（2）枳壳芽：枳壳植物嫩芽。枳壳，芸香种植物酸橙，干燥未成熟的果实作药用。中医认为，枳壳具有理气宽中、行滞消胀之功，主治胸胁气滞、胀满疼痛、食积不化、痰饮内停、脏器下垂等。

（3）枸杞芽：枸杞植物嫩芽，枸杞，茄科，枸杞属植物。其名始见于《诗经》。明代李时珍云：“枸、杞，二树名。此物棘如枸之刺，茎如杞枸之条，故兼名之。”[49]枸杞子有养肝、滋肾、润肺之功效。其芽叶补

[49] ［明］李时珍：《本草纲目》，湖北教育出版社，2019年，第2050页。

虚益精、清热明目。今宁夏等地盛产枸杞，已大量利用枸杞芽叶制作枸杞茶。

（4）枇杷芽：枇杷植物芽叶。枇杷，蔷薇科枇杷属植物，其枇杷果为广泛种植的水果，味道甜美，营养丰富。中医认为，枇杷叶可晒干入药，有清肝胃热、降气化痰之功。

毛文锡把枳壳芽、枸杞芽、枇杷芽归一起，并言均有治风病之功效。

（5）皂荚芽：皂荚树，属落叶乔木，其果实皂角为豆荚状，可以入药，亦可作涤衣之肥皂用。皂角子、皂角刺均可作药用，荚果可祛痰、利尿；种子入药可治癣、通便；皂刺入药可活血并治疮癣；皂荚树芽叶有祛风除湿、化解积痰之功效。

（6）槐芽：槐树，豆目蝶形花科植物。中医认为，槐树花和荚果可入药，有清凉收敛、止血、降压作用；叶芽和树皮有清热解毒作用，还可以治痔疮毒。皮、枝叶、花蕾、花及种子均可入药。槐树崇拜，为中国古代民间信仰之一，视为祥瑞之象征。素有崇槐、敬槐、植槐之习俗。

（7）柳芽：柳树植物芽。柳树，柳属植物。原生中国，据考证，第三纪中新世森林即有柳属。中国植物历史悠久，甲骨文中即有“柳”字，写作“”。柳树种类很多，极易杂交繁殖。柳树全身是宝，皮、花、枝等均可入药。柳芽具有丰富的蛋白质，还具有防风、清热、明目之功，古人早有将其嫩芽作茶的习俗。

毛文锡将皂荚芽、槐芽、柳芽又归为一类。上春指农历正月，即孟春也，语出《周礼·春官·天府》：“上春，衅宝镇及宝器。”郑玄注：“上春，孟春也。”即指开春后采摘这几种树芽，和真正的茶“和茶作之”，制作成片形状茶饼。五花，前有述，草木之花多为五瓣，故用五花泛指草木之花纹、花瓣。这里不仅记载了“非茶之茶”的制作饮用，而且还记载了“非茶之茶”的加工制作已达到了极高的程度。《茶谱》不仅是“非茶之茶”的最早记载，也是“非茶之茶”之形制茶的最早记载。

左　四川雅安名山老鹰茶树

右　青城山老鹰茶树（拍摄者：黄英）

上　四川筠连县栽培苦丁茶树图（拍摄者：聂海松、王瑶琪）

下　四川筠连县栽培苦丁茶成茶图（拍摄者：聂海松、王瑶琪）

左　唐三彩模印贴花鍑

右　明龙泉窑青釉提梁壶

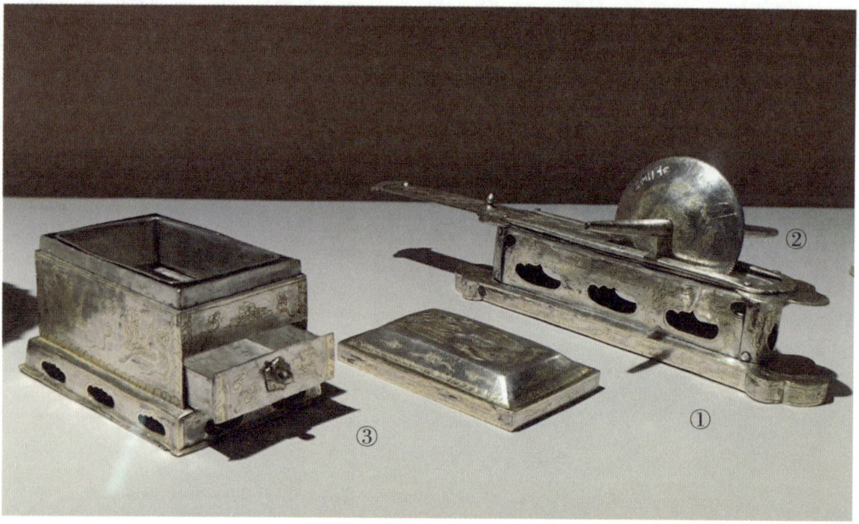

①鎏金刻鸿雁纹银茶槽子

②鎏金刻团花纹银碢（音砣）轴

③鎏金刻飞天仙鹤纹银茶罗子，唐咸通十年（869）

七　茶之事[1]

唐陆羽[2]著《茶经》三卷。

唐肃宗[3]尝赐高士张志和[4]奴、婢各一人，志和配为夫妻，名之曰渔童、樵青。人问其故，答曰："渔童使捧钓[5]收纶[6]，芦中鼓枻[7]；樵青使苏兰薪桂，竹里煎茶。"

胡生[8]者，以钉铰[9]为业，居近白蘋洲[10]。傍有古坟，每因茶饮，必奠酹之。忽梦一人谓之曰："吾姓柳，平生善为诗而嗜茗。感子茶茗之惠，无以为报，欲教子为诗。"胡生辞以不能，柳强之，曰："但率子意言之，当有致矣。"生后遂工诗焉，时人谓之"胡钉铰诗"。柳当是柳恽[11]也。

真茶性极冷，惟雅州蒙山出者温而主疾。蜀之雅州名山曰蒙山，山有顶，顶有茶园，其中顶曰上清峰。昔有僧病冷且久，尝遇老父询其病，僧具告之。父曰："何不饮茶？"僧曰："本以茶冷，岂有能止乎？"父曰："是非常茶，仙家有雷鸣茶，亦有闻乎？"僧曰："未也。"父曰："蒙之中顶茶，当以春分之先后，多构人力，俟雷之发声，并手采摘之，以多为贵，至三日乃止。若获一两，以本处水煎服，能祛宿疾。二两，当眼前无疾。三两，固以换骨。四两即为地仙矣。”但精洁治之，无不效者。僧因之中顶，筑室以俟。及期，获一两余，服未竟而病瘥。既不能久及博求，但精健至八十有余，气力不衰。时到城市，观其貌，若年三十余，眉发绀绿。后入青城[12]，不知所终。今四顶茶园采摘不废，唯中顶草木繁茂，重云积雾，蔽亏日月，鸷兽时出，人迹稀到矣。

觉林[13]僧志崇，收茶三等，待客以“惊雷荚”，自奉以“萱草带”，供佛以“紫茸香”。赴茶者以油囊盛余沥归。

甫里先生陆龟蒙[14]，嗜茶荈，置小园于顾渚山下，岁入茶租，薄为瓯蚁之费。自为《品第书》一篇，继《茶经》《茶诀》之后。

抚州[15]有茶衫子纸[16]，盖裹茶为名也，其纸长而相连。自唐以来，礼部每年给明经[17]帖书[18]。

傅巽[19]《七诲》云：“蒲桃[20]、宛奈[21]、齐柿[22]、燕栗[23]、常阳黄梨[24]、巫山朱橘[25]、南中茶子[26]、西极石蜜[27]。寒温[28]既毕，应下霜华之茗[29]。”

辑佚

“唐陆羽著《茶经》三卷”条辑自《事类赋注》卷一七。

《事类赋注》卷一七云：“《茶谱》曰：‘唐陆羽著《茶经》三卷。’”

“唐肃宗尝赐高士张志和奴、婢各一人”条辑自《事类赋注》卷一七。

《事类赋注》卷一七云：“《茶谱》曰：唐肃宗尝赐高士张志和奴、婢各一人，志和配为夫妻，名之曰渔童、樵青。人问其故，答曰：‘渔童使捧钓收纶，芦中鼓枻；樵青使苏兰薪桂，竹里煎茶。’”

“胡生者”条辑自《事类赋注》卷一七。

《事类赋注》卷一七云：“《茶谱》曰：胡生者，以钉铰为业，居近白蘋洲，傍有古坟，每因茶饮，必奠酹之。忽梦一人谓之曰：‘吾姓柳，平生善为诗而嗜茗，感子茶茗之惠，无以为报，欲教子为诗。’胡生辞以不能，柳强之，曰：‘但率子意言之，当有致矣。’生后遂工诗焉。时人谓之‘胡钉铰诗’。柳当是柳恽也。”

“真茶性极冷”条辑自《古今合璧事类备要》外集卷四二、《事类赋注》卷一七、唐慎微《经史证类备急本草》卷一三和王象之《舆地纪胜》卷一四七。

《事类赋注》卷一七云：“《茶谱》曰：‘蜀之雅州有蒙山，山有五顶，顶有茶园，其中顶曰上清峰。昔有僧病冷且久，尝遇一老父，谓曰：“蒙之中顶茶，尝以春分之先后多搆人力，俟雷之发声，并手采摘三日而止，若获一两，以本处水煎服，即能祛宿疾。二两当限前无疾，三两固以换骨，四两即为地仙矣。”是僧因之中顶，筑室以候，及期获一两余，服未竟而病瘥。时到城市，人见容貌，常若年三十余。眉发绿色。其后入青城访道，不知所终。今四顶茶园采摘不废，唯中顶草木繁密，云雾蔽亏，鸷兽时出，人迹稀到矣。’”“限”，疑应为“眼”。

唐慎微《经史证类备急本草》卷一三云：“《茶谱》云：蒙山有五顶，顶有茶园，其中顶曰上清峰。昔有僧人病冷且久，遇一老父，谓曰：‘蒙之中顶茶，当以春分之先后，多聚人力，俟雷之发声，并手采摘，三日而止。若获一两，以本处水煎服，即能祛宿疾；二两当限前无疾；三两固以换骨；四两即为地仙矣。’其僧如说，获一两余，服未尽而病差。其四顶茶园采摘不

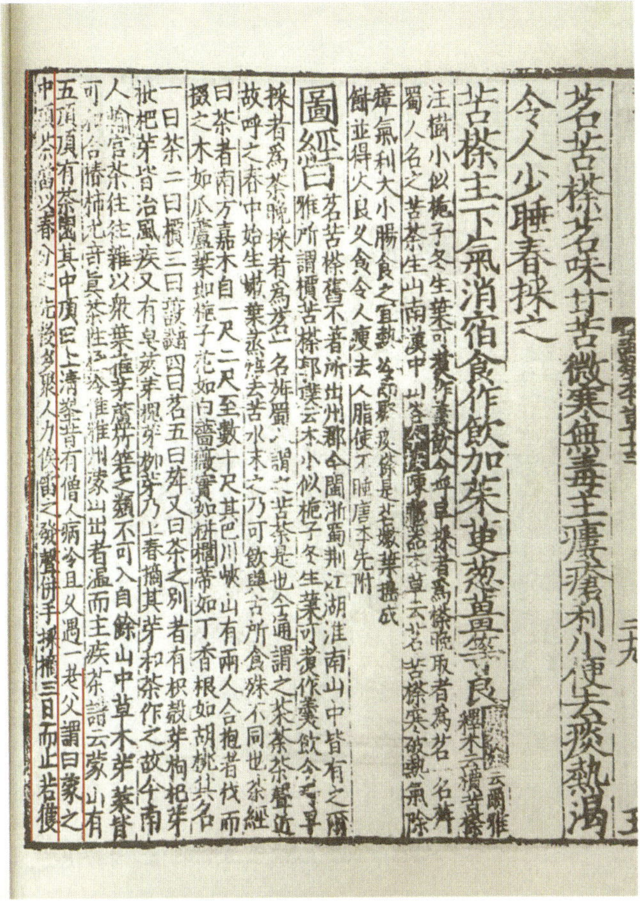

茗苦𣗪茗味甘苦微寒無毒主瘻瘡利小便去痰熱渴令人少睡春採之

苦𣗪主下氣消宿食作飲加茱萸葱薑等良

注樹小似梔子冬生葉可煑作羹飲今呼早採者爲𣗪晚取者爲茗一名荈蜀人名之苦茶生山南漢中山谷

瘴氣利大小腸食之宜熱……不睡唐本先附

圖經曰茗苦𣗪舊不著所出州郡今閩浙蜀荆江湖淮南山中皆有之爾雅所謂檟苦𣗪郭璞云木小似梔子冬生葉可煑作羹飲今呼早採者爲荼晚採者爲茗一名荈蜀人謂之苦茶是也今通謂之茶茶荼聲近故呼之春中始生嫩葉蒸焙去苦水末之乃可飲與古所食殊不同也茶經曰茶者南方嘉木自一尺二尺至數十尺其巴川峽山有兩人合抱者伐而掇之木如瓜蘆葉如梔子花如白薔薇實如栟櫚蒂如丁香根如胡桃其名一曰茶二曰檟三曰蔎四曰茗五曰荈又曰茶之別者有枳殼芽枸杞芽枇杷芽皆治風疾又有皂莢芽槐芽柳芽乃上春摘其芽和茶作之故今南人輸官茶往往雜以衆葉惟茅蘆竹箬之類不可入自餘山中草木芽葉皆可和合椿柿尤奇真茶性極冷惟雅州蒙山出者溫而主疾茶譜云蒙山有五頂頂有茶園其中頂曰上清峯昔有僧人病冷且久遇一老父謂曰蒙之中頂茶當以春分之先後多聚人力俟雷之發聲併手採摘三日而止若獲

《经史证类备急本草》，宋嘉定四年刘甲刻本，载《茶谱》：『蒙山有五顶，顶有茶园，其中顶曰上清峰。昔有僧人病冷且久，遇一老父，谓曰……』

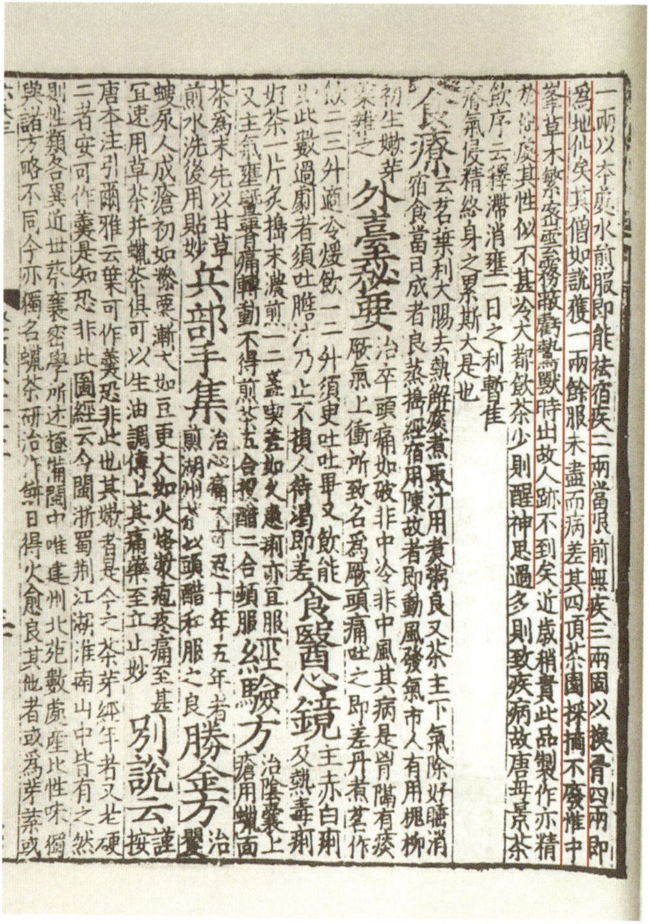

一兩以夲處水煎服即能祛宿疾二兩當眼前無疾三兩固以換骨四兩即
爲地仙矣其僧如說獲一兩餘服未盡而病差其四頂茶園採摘不廢惟中
峯草木繁密雲霧蔽虧鷙獸時出故人跡不到矣近歲稍貴此品製作亦精
於他處其性似不甚冷大都飲茶少則醒神思過多則致疾病故唐毋景茶
飲序云釋滯消壅一日之利暫佳
瘠氣侵精終身之累斯大是也
食療云茗葉利大腸去熱解痰煮取汁用煮粥良又茶主下氣除好睡消
宿食當日成者良蒸擣經宿用陳故者即動風發氣市人有用槐柳
初生嫩芽外臺秘要治卒頭痛如破非中冷非中風其病是胷膈有痰
茶雜之　厥氣上衝所致名爲厥頭痛吐之即差丹煮茗作
飲二三升適冷煖飲一二升須臾吐吐畢又飲能食醫心鏡主赤白痢
如此數過劇者須吐膽汁乃止不損人待渴即差　及熱毒痢
好茶一片炙擣末濃煎一二盞喫差如久患痢亦宜服經驗方治陰囊上
又主氣壅腰痛轉動不得煎茶五合投醋二合頓服　瘡用蠟面
茶爲末先以甘草兵部手集治心痛不可忍十年五年者勝金方治
煎水洗後用貼妙　煎湖州茶以頭醋和服之良　蠱
螋尿人成瘡初如粟米漸漸如豆更大如火烙漿疱疼痛至甚　謹
宜速用草茶并蠟茶俱可以生油調傳上其痛藥至立止妙別說云按
唐本注引爾雅云檟可作羮恐非此也其嫩者是今之茶芽經年者又老硬
二者安可作羮是知恐非此圖經云今閩浙蜀荊江湖淮南山中皆有之然
則性類各異近世蔡襄密學所述極備閩中惟建州北苑數處產此性味獨
與諸方略不同今亦獨名蠟茶研治作餅日得火愈良其他者或爲芽葉或

《经史证类备急本草》，宋嘉定四年刘甲刻本载《茶谱》，接上页影印文废，惟中峰草木繁密，云雾蔽亏，鸷兽时出，故人迹不到矣。”“差”，应为“瘥”。

此段文字前还有一句：“真茶性极冷，惟雅州蒙山出者温而主疾。”该书未言明出处，但读《经史证类备急本草》原文，知此条与后文紧密的逻辑关联，故辑出。

《舆地纪胜》卷一四七载：“毛文锡《茶谱》载：‘有僧病久，遇一老夫曰：“仙家有雷鸣茶，在蒙山上，服之可去宿疾。”僧如其言，疾果瘥。年八十余，见一僧独行，疑此僧云。’”

《古今合璧事类备要》外集卷四二云：“蜀之雅州名山曰蒙山，山有顶，顶有茶园，其中顶曰上清峰。昔有僧病冷且久，尝遇老父询其病，僧具告之。父曰：‘何不饮茶？’僧曰：‘本以茶冷，岂有能止乎？’父曰：‘是非常茶。仙家有雷鸣茶，亦有闻乎？’僧曰：‘未也。’父曰：‘蒙之中顶茶，常以春分之元后，多权人力，俟雷之发声，并手采摘，以多为贵，至三日乃止。若获一两，以本处水煎服，能祛宿疾。二两当限前无疾。三两固以换骨。四两即为地仙。但精洁治之，无不效者。’僧因之中顶，筑室以俟。及期，获一两余，服未竟而病瘥。既不能久及博求，但精健至八十余，气

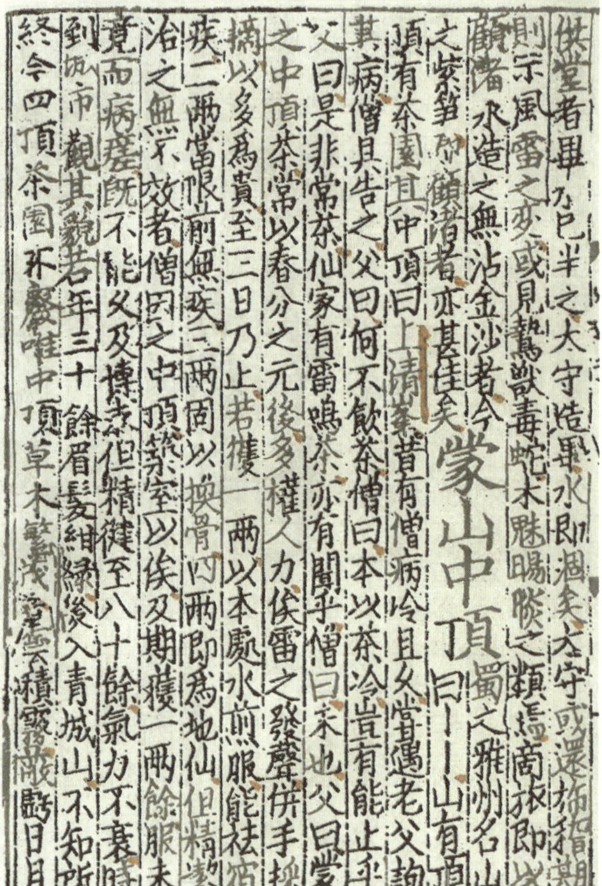

供堂者畢乃已半之大守皓畢水即涸矣太守或還[illegible]稽[illegible]期
則宗風雷之變或見鷙獸毒蛇木魅暘睒之類焉商旅即以
顧渚水造之無沾金沙者今
之紫筍歐顧渚者亦甚佳矣
蒙山中頂
蜀之雅州名山曰蒙山有頂
頂有茶園其中頂曰上清峯昔有僧病冷且久嘗遇老父詢
其病僧具告之父曰何不飲茶僧曰本以茶冷豈有能止乎
父曰是非常茶仙家有雷鳴茶亦有聞乎僧曰未也父曰蒙
之中頂茶常以春分之元後多構人力俟雷之發聲併手採
摘以多為貴至三日乃止若獲一兩以本處水煎服能祛宿
疾二兩當眼前無疾三兩固以換骨四兩即為地仙但精潔
治之無不效者僧因之中頂築室以俟及期獲一兩餘服未
竟而病瘥既不能久及博求但精健至八十餘氣力不衰時
到城市觀其貌若年三十餘眉髮紺綠後入青城山不知所
終今四頂茶園不廢唯中頂草木繁茂重雲積霧蔽虧日月

《古今合璧事类备要》外集，中国国家图书馆藏宋刻本，载《茶谱》：『蜀之雅州名山曰蒙山，山有顶，顶有茶园，其中顶曰上清峰。昔有僧病冷且久，……』

力不衰。时到城市，观其貌，若年三十余，眉发绀绿。后入青城山，不知所终。今四顶茶园不废，唯中顶草木繁茂，重云积雾，蔽亏日月，鸷兽时出，人迹希到矣。”“限”，似应为“眼”。

朱自振、沈冬梅、增勤《中国古代茶书集成》辑为：“蜀之雅州有蒙山，山有五顶，顶有茶园，其中顶曰上清峰。昔有僧病冷且久，尝遇一老父，谓曰：‘蒙之中顶茶，尝以春分之先后，多构人力，俟雷之发声，并手采摘，三日而上。若获一两，以本处水煎服，即能祛宿疾；二两，当眼前无疾；三两，因以换骨；四两，即为地仙矣。’僧因之中顶筑室以俟，及期获一两余，服未竟而病瘥，时到城市，人见其容貌，常若年三十余，眉发绿色。其后入青城访道，不知所终。今四顶茶园，采摘不废，惟中顶草木繁茂，云雾蔽亏，鸷兽时出，人迹稀到矣。今蒙顶有露锓芽、篯芽，皆云火前，言造于禁火之前也。《事类赋注》卷一七，又见《本草纲目》卷三二，末多‘近岁稍类此品，制作亦精于他处’数句，疑引《茶谱》语。”

方健《中国茶书全集校证》辑为：“蜀之雅州有蒙山，山有五顶，顶有茶园，其中顶曰上清峰。昔有僧病冷且久，尝遇［一］老父询其病，僧俱告之。父曰：

‘何不饮茶？’僧曰：‘本以茶冷，岂有能止乎？’父曰：‘是非常茶，仙家有雷鸣茶，亦有闻乎？’僧曰：‘未也！’父曰：‘蒙之中顶茶，尝以春分之先后，多雇人力，俟雷之发声，并手采摘之，［以］多为贵，至三日乃止。若获一两，以本处水煎服，［即］能祛宿疾；二两，当眼前无疾；三两，因以换骨；四两，即为地仙矣。但精法治之，无不效者。’［其］僧因之中顶，筑室以俟，及期，获一两余，服未竟而病瘥。既不能久，及博求，但精健至八十余，气力不衰。时到城市，［人］现其貌，若年三十余，眉发绀绿。后入青城山，不知所终。今四顶茶园［采摘］不废，惟中顶草木繁茂，重云积雾，蔽亏四月，鸷兽时出，人迹稀到矣。《古今合璧事类备要》外集卷四二。”

综合四书记载，辑出此条。

“觉林僧志崇”条辑自《全芳备祖》后集卷二八、《古今合璧事类备要》外集卷四二。

《全芳备祖》后集卷二八：“觉林僧志崇，收茶三等，待客以‘惊雷荚’，自奉以‘萱草带’，供佛以‘紫茸香’。赴茶者以油囊盛余沥归。《茶谱》。”

《古今合璧事类备要》外集卷四二：“齐林僧

志崇，收茶三等，待客以‘警荚’，自奉以‘萱草带’，供佛以‘紫茸香’，赴茶者以油囊盛余沥归。《茶谱》。”

《全芳备祖》后集卷二八和《古今合璧事类备要》外集卷四二，所引此段内容基本相同。前者称“觉林僧”，后者称“齐林僧”，略异，但均记载其僧为“志崇”，无异。“觉林僧”，更善。

综合二书所记，辑出。

“甫里先生陆龟蒙”条辑自《全芳备祖》后集卷二八、《古今合璧事类备要》外集卷四二。

《全芳备祖》后集卷二八云：“甫里先生陆龟蒙，嗜茶荈，置小园于顾渚山下，岁入茶租，薄为瓯蚁之费。自为《品第书》一篇，继《茶经》《茶诀》之后。《茶谱》。”

《古今合璧事类备要》外集卷四二云：“甫里先生陆龟蒙，嗜茶荈，置小园于顾渚山下，岁入茶租，薄为瓯蚁之费。自为《品第书》一篇，继《茶经》《茶诀》之后。《茶谱》。”

综合二书所记，辑出。

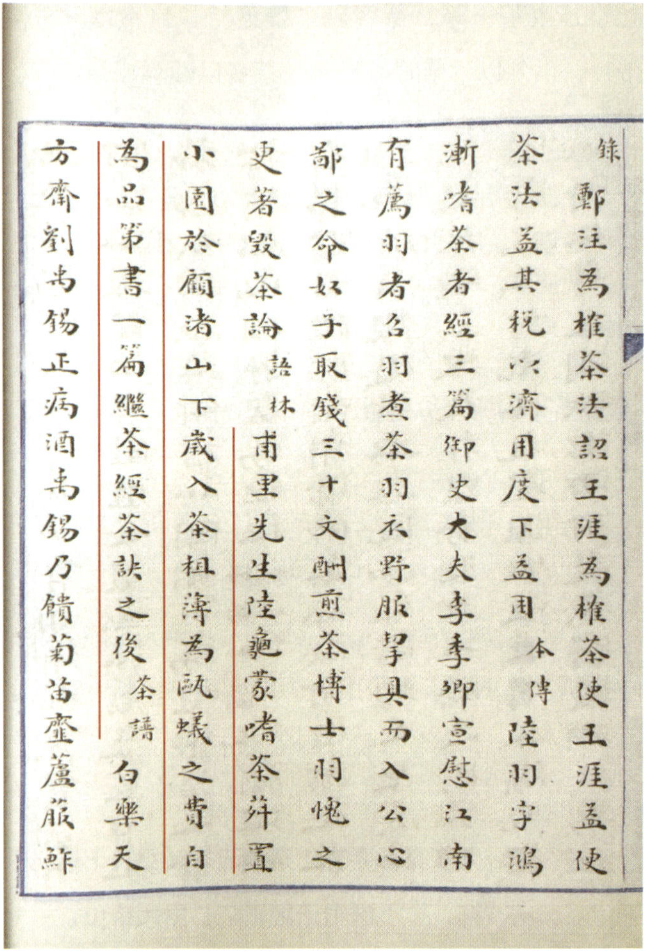

錄
鄭注為榷茶法詔王涯為榷茶使王涯益使
茶法益其税以濟用度下益困 本傳 陸羽字鴻
漸嗜茶者經三篇御史大夫李季卿宣慰江南
有薦羽者召羽煮茶羽衣野服挈具而入公心
鄙之命奴子取錢三十文酬煎茶博士羽愧之
更著毁茶論 語林 甫里先生陸龜蒙嗜茶荈置
小園於顧渚山下歲入茶租薄為甌蟻之費自
為品第書一篇繼茶經茶訣之後 茶譜 白樂天
方齋劉禹錫正病酒禹錫乃饋菊苗虀蘆菔鮓

《全芳备祖》，燕京大学图书馆藏宋钞本，载《茶谱》云：『甫里先生陆龟蒙，嗜茶荈，置小园于顾渚山下……』

“抚州有茶衫子纸”条辑自《文房四谱》卷四。

蜀人苏易简《文房四谱》卷四云：“《茶谱》杂说，抚州有茶衫子纸，盖裹茶为名也，其纸长而相连。自唐以来，礼部每年给明经帖书。”

“傅巽《七诲》云”条辑自《事类赋注》卷一七。

《事类赋注》卷一七云：“《茶谱》曰：‘傅巽《七诲》云：蒲桃、宛奈、齐柿、燕栗、常阳黄梨、巫山朱橘、南中茶子、西极石蜜，寒温既毕，应下霜华之茗。’”“奈”，应为“柰”。

《茶经》“七之事”引《七诲》，同此条前数句，无最后一句“寒温既毕，应下霜华之茗”。此句为弘君举《食檄》首二句。《事类赋注》把二者合而为一，并明确为《茶谱》条。

注释

（1）茶之事：即指茶故事、茶事件以及茶事活动。《茶谱》记载了多则像张志和、胡生、柳恽等事茶的故事和多则像陆羽著《茶经》、皎然著《茶诀》等茶事件。

（2）陆羽（733—约804）：字鸿渐，唐复州竟陵

（今湖北天门）人，自称桑苎翁、东冈子。唐代茶学家，被誉为“茶仙”，尊为“茶圣”，祀为“茶神”。一生嗜茶，精于茶道，唐朝上元初年（760），陆羽隐居苕溪（今浙江湖州），撰《茶经》三卷，成为世界上第一部茶叶专著。《茶经》对茶的性状、品质、产地、种植、采制、烹饮、器具等皆有论述。

（3）唐肃宗：即李亨（711—762），唐玄宗李隆基第三子，唐朝第八位皇帝，至德元载（756）至宝应元年（762）在位。

（4）张志和（732—774）：字子同，初名龟龄，号玄真子，祖籍婺州（今浙江金华）。唐肃宗时待诏翰林，贬南浦尉，后隐居江湖，自号“烟波钓徒”。与颜真卿等为好友。善歌词，能书画、击鼓、吹笛。作品多写隐居时的闲散生活。后感于宦海风波和人生无常，在母亲和妻子相继故去的情况下，弃官弃家，浪迹江湖。唐肃宗曾赐给他奴、婢各一名，称“渔童”和“樵青”，张志和遂携其隐居太湖流域的苕溪、霅溪一带，扁舟垂纶，泛之江湖，渔樵为乐。

（5）钓：用钓饵诱鱼或其他水生动物上钩，谓之钓。

（6）纶：原指较粗丝线，这里指钓鱼的丝线、渔具。

（7）鼓枻（gǔ yì）：指划桨，谓泛舟，这里指在太湖芦苇丛中划桨荡舟。

（8）胡生（785—826）：本名胡令能，唐贞元、元和间人，以钉铰为业，能诗，一生不废钉铰之业，远近号为胡钉铰。见载唐代范摅（shū）《云溪友议》卷九及南宋计有功《唐诗纪事》。

（9）钉铰：钉（dīng），指用竹木、金属制成的楔（xiē）子或钉子打进他物。铰（jiǎo），原意指用剪刀的两刃相夹切。如，用剪刀把绳子铰开。钉铰，指洗镜、补锅、锔锅碗等一种古代职业。宋钱易《南部新书》云："里有胡生，性落魄，家贫，少为洗镜、锼钉之业……远近号为'胡钉铰'。"[50]

（10）白蘋洲：指浙江湖州吴兴霅（zhá）溪的白蘋洲。

（11）柳恽（465—517）：字文畅，河东郡解县（今山西省运城市）人，南朝梁大臣、学者，曾作吴兴太守，齐梁时有成就的诗人。名篇《江南曲》是他在汉乐府诗影响下创作的具有代表性的五言诗，诗文收在《柳吴兴集》。著有《清调论》《棋品》《卜杖龟经》等，均散佚不传。

[50] [宋]钱易撰，黄寿成点校：《南部新书》，中华书局，2002年，第146页。

此篇写柳恽感胡令能“茶茗之惠”，便强行教其作诗，胡令能既不废钉铰业，又工于诗，成为远近闻名的诗人。胡令能现存于《全唐诗》有四首诗，其中《小儿垂钓》最为有名。诗曰：“蓬头稚子学垂纶，侧坐莓苔草映身。路人借问遥招手，怕得鱼惊不应人。”

（12）青城：即青城山，位于四川省成都市都江堰市西南，距成都市区68公里，最高峰1260米，前山后山，群峰环绕起伏，林木葱茏幽翠，享有“青城天下幽”的美誉。中国四大道教名山之一，相传东汉时张道陵最早从四川鹤鸣山来到青城山结茅传道，并羽化山中。张道陵在青城山创立了中国本土宗教——道教。

（13）觉林：即觉林寺。觉林寺很多，今重庆市南岸区莲花山寺庙，《巴县志》称觉林寺兴建于南宋绍兴年间（1131—1162）；今四川绵竹也有觉林寺，系古国宁寺，清康熙年间重建，改名觉林院；今苏州相城区北桥街道冶长泾北觉林寺，历史悠久，始建于唐广明元年（880），原名义安寺。还有很多叫觉林寺的寺庙。我们认为此觉林寺应为早于毛文锡时代所建的觉林寺，即唐广明年间始建于江苏的觉林寺。此段源出唐冯贽《云仙杂记》。

（14）陆龟蒙（？—约881）：字鲁望，自号天随子、江湖散人、甫里先生，长洲（今江苏省苏州）人，唐代诗人、农学家。陆龟蒙晚年隐居松江甫里。与皮日休齐名，有“皮陆”之誉。著有《笠泽丛书》《甫里集》等。

（15）抚州：今江西省下辖地级市，位于长江中游江西省东部，隋开皇九年（589），平陈总管杨武通奉使安抚，废临川、巴山两郡置抚州（取安抚之意），抚州之名始于此。唐武德五年（622），改临川郡为抚州，隶洪州总管府，后多有变，但抚州仍存，五代十国时期曾为南唐辖地。

（16）茶衫子纸：一种文房用纸，产于抚州，因用于包裹茶叶而得名。

（17）明经：选举官员的科目，始于汉武帝，废于宋神宗，因被举荐者须明习经学，故以“明经”为名。

（18）帖书：指贴字，熟读经书以应帖试。

（19）傅巽（xùn）：汉末三国时评论家，北地泥阳（今陕西耀县）人。有文集二卷存世。《七诲》：傅巽作，该书介绍了当时各地的名特产。

（20）蒲桃：蒲，古代地名，应为西晋时期的蒲阪县，今山西省永济西。一说“葡萄”。

（21）宛奈：宛，即宛县，荆州南阳国首府，今河南南阳。奈，即柰（nài），俗名花红，亦名沙果。李时珍《本草纲目》卷三十《果部·柰》集解：“柰与林檎，一类二种也。树、实皆似林檎而大，西土最多，可栽可压。”[51]

（22）齐柿：齐，周代曾为诸侯国名，战国七雄之一，在今山东省北部、东部和河北东部。

[51] [明]李时珍：《本草纲目》，湖北教育出版社，2019年，第1708页。

（23）燕栗：燕，周代曾为诸侯国名，战国七雄之一，今河北北部、辽宁西部一带。

（24）常阳黄梨：常，地名，指古常州，今江苏常州。黄梨，一种被子植物门、双子叶植物亚纲植物，又称风水梨，明清时曾列为贡品。

（25）巫山朱橘：巫山作地名，指今横贯湖北、重庆、湖南交界一带东北—西南走向的连绵群峰。朱橘即红桔，桔成熟后呈红色，故称。晋张协《都蔗赋》云：“清滋津于紫梨，流液丰于朱橘。”

（26）南中茶子：南中，今主属云南省。三国诸葛亮南征后，置南中四部，范围包括今四川宜宾市以南、贵州西部和云南全省。茶子，即茶树。

（27）西极石蜜：西极，指西域或天竺。一说为今甘肃张掖一带，一说为泛指今新疆及中亚一带。石蜜，一说是用甘蔗炼糖，成块即为石蜜；一说为蜂蜜的一种，采于石壁或石涧的叫石蜜。

（28）寒温：问寒问暖。多指宾主见面谈论天象气候之类的应酬。

（29）霜华之茗：形容茶沫白如霜的茶饮。即朋友主宾间寒暄结束，便开始品饮茶沫如霜的茶饮。（或指以茶沫白如霜的茶饮招待客人。）

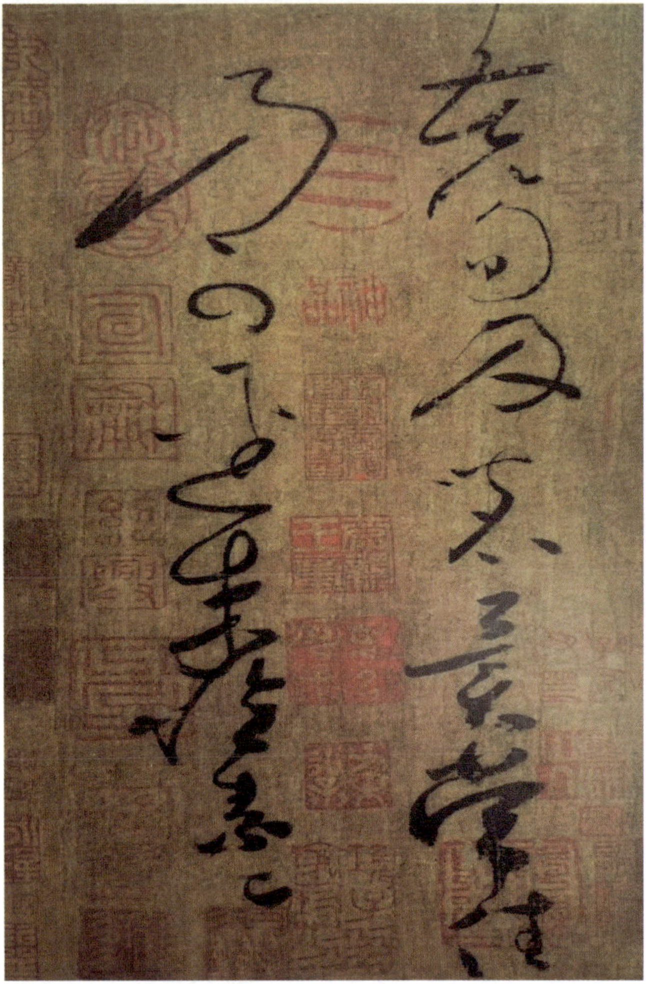

苦笋贴　怀素（中国历史上第一幅茶书法）

松茂茶马古道上的茶背夫（厄勒斯特·亨利·威尔逊 1910年摄）

汉代灰陶女汲水俑（四川双流华阳出土）

南宋周季常、林庭珪绘《五百罗汉图》之《备茶图》《吃茶图》（日本京都大德寺藏）

清紫漆描金缠枝莲纹皮胎多穆壶

八　附一：茶之诗文[1]

陆羽《茶经》[2]三卷。

皎然[3]《茶诀》。

陆龟蒙《品第书》一篇。

张又新[4]《煎茶水记》。

裴汶[5]《茶述》。

苏廙[6]《十六汤品》。

顾况《茶赋》[7]。

温庭筠[8]《采茶录》[9]。

李白[10]《答族侄僧中孚赠玉泉仙人掌茶并序》[11]。

陆龟蒙《奉和袭美茶具十咏》[12]。

皮日休[13]《茶中杂韵》。

陆羽《六羡歌》[14]。

杜牧[15]《题茶山》[16]。

卢仝[17]《走笔谢孟谏议寄新茶》[18]。

皎然《饮茶歌诮崔石使君》[19]。

杜甫[20]《重过何氏五首》（之三）[21]。

元稹[22]《一七令·茶》[23]。

白居易[24]《谢李六郎中寄新蜀茶》[25]。

刘禹锡[26]《西山兰若试茶歌》[27]。

温庭筠《西陵道士茶歌》(28)。

贯休《桐江闲居作十二首》(之三)(29)。

齐己《咏茶十二韵》(30)。

辑佚①

南宋著名名录学家、藏书家晁公武在《郡斋读书志》中说，毛文锡《茶谱》“记茶故事，其后附以唐人诗文”。明代曹学佺《蜀中广记·方物记》中亦言：“毛文锡《茶谱》，记茶事甚悉，末以唐人为茶诗文附之。”今查北宋以来存世文献，找不到原作。余坚信晁公武之说。根据已佚出的《茶谱》佚文所见线索以及唐宋以来的一些文献的零星记载，辑出《茶谱》“唐人诗文”，附后。

（一）陆羽《茶经》三卷

佚文中记载：“唐陆羽著《茶经》三卷。”

（二）皎然《茶诀》

佚文中已有记载。“甫里先生陆龟蒙，嗜茶荈，置小园于顾渚山下，岁入茶租，薄为瓯蚁之费。自为品第书一篇，继《茶经》《茶诀》之后。”《茶诀》为皎然

① 此与前之“辑佚”略不同，可称“辑佚说明”，编者注。

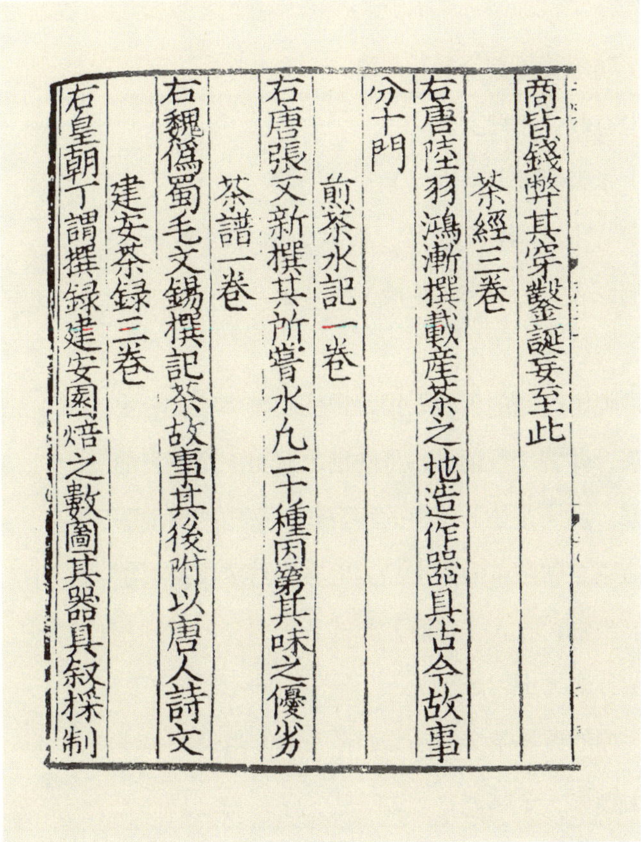
商皆錢弊其穿鑿誕妄至此
茶經三卷
右唐陸羽鴻漸撰載產茶之地造作器具古今故事
分十門
煎茶水記一卷
右唐張又新撰其所嘗水凡二十種因第其味之優劣
茶譜一卷
右魏僞蜀毛文錫撰記茶故事其後附以唐人詩文
建安茶録三卷
右皇朝丁謂撰録建安園焙之數圖其器具叙採制

《郡斋读书志》，北平故宫博物院图书馆藏宋淳祐袁州刊本，载：『《茶谱》一卷，右魏伪蜀毛文锡撰，记茶故事，其后附以唐人诗文。』

所作，已佚。

（三）陆龟蒙《品第书》一篇

佚文中有载。（同上）

（四）张又新《煎茶水记》

张又新，唐代著名诗人、茶人，时作《煎茶水记》，影响巨大，毛文锡《茶谱》当有录。

（五）裴汶《茶述》

裴汶是晚唐时期的重要人物，曾任晚唐宰相。一生嗜茶，尚茶，并著《茶述》，是陆羽之后与卢仝齐名的茶文化大家。从《茶述》仅存的序言看，文中把蜀地蒙山茶与顾渚茶、蕲阳茶同列上品。毛文锡对裴汶及其茶作《茶述》当熟，收入《茶谱》亦然。

（六）苏廙《十六汤品》

晚唐时期的重要茶文，毛文锡《茶谱》当录。

（七）顾况《茶赋》

顾况为中唐才子，所作《茶赋》早在唐中期闻名遐迩，毛文锡《茶谱》当录。

（八）温庭筠《采茶录》

温庭筠与毛文锡为同时期人，两人同为《花间集》十八词人之一，嗜茶为共同爱好。温庭筠《采茶录》当被毛文锡所录，现有部分存传。

（九）李白《答族侄僧中孚赠玉泉仙人掌茶并序》

佚文中有载：“当阳县清溪山仙人掌茶，李白有诗。”

（十）陆龟蒙《奉和袭美茶具十咏》

佚文中记载：“甫里先生陆龟蒙，嗜茶荈，置小园于顾渚山下，岁入茶租，薄为瓯蚁之费。自为《品第书》一篇，继《茶经》《茶诀》之后。”其诗当有收录，选《茶具十咏》以补。

（十一）皮日休《茶中杂韵》

佚文中已有记。皮日休与甫里先生陆龟蒙为好友。陆龟蒙《茶具十咏》系为皮日休《茶中杂韵》奉和而作。故该诗亦当入补。

（十二）陆羽《六羡歌》

佚文有对陆羽《茶经》的记载，其《六羡歌》为陆羽茶诗作之代表作，《茶谱》自当选入。

（十三）卢仝《走笔谢孟谏议寄新茶》

卢仝（约795—835），唐代诗人，河北涿州（今河北济源市武山镇）人，为毛文锡同乡。卢仝《走笔谢孟谏议寄新茶》在唐代已有很大影响，其人在茶界有“亚圣”之称。毛文锡选入其诗应是当然。

（十四）皎然《饮茶歌诮崔石使君》

佚文中有记载："甫里先生陆龟蒙，……自为品第书一篇，继《茶经》《茶诀》之后。"可知，毛文锡既熟知陆羽及《茶经》，也熟知皎然及《茶诀》，《茶谱》中选录皎然茶诗作代表作亦当自然。

（十五）温庭筠《西陵道士茶歌》

见前页"温庭筠《采茶录》"。

（十六）杜甫《重过何氏五首》（之三）、元稹《一七令·茶》、白居易《谢李六郎中寄新蜀茶》、刘禹锡《西山兰若试茶歌》

杜甫、元稹、白居易、刘禹锡同为唐代著名诗人，均有大量茶诗存世。所存佚文中虽未发现四位茶诗文记载，但这四位伟大诗人都曾在蜀地做过官，或流居过蜀地。从毛文锡所处时代和人生经历来看，历唐末、前蜀、后蜀，且他一直在前蜀、后蜀做官，对这四位前辈诗人定是耳熟能详。《茶谱》录入其茶诗代表作亦当必然。

（十七）贯休《桐江闲居作十二首》（之三）

贯休（832—912），唐末五代高僧，更是一代诗僧、茶僧、画僧。与皎然、齐己齐名。曾作《和毛学士舍人早春》，称毛文锡为"茶癖"。毛文锡《茶谱》当有贯休茶诗入集。

（十八）齐己《咏茶十二韵》

齐己（860—937），唐代晚期著名诗僧，俗姓胡得生，潭州益阳人（今湖南长沙宁乡），少时皈依佛门，钟情吟咏，诗风古雅，格调清和。著有《白莲集》十卷、《风骚旨格》一卷传世。《全唐诗》收录其诗作八百余首，仅次于白居易、杜甫、李白、元稹而居第五。与皎然、贯休齐名，被称为“唐代三大诗僧”，后梁龙德元年（921），齐己应蜀地寺僧之约赴剑南，因战乱中途折回，未能遂愿。路过湖北江陵时被荆南节度使高季兴挽留，任龙兴寺僧正，后圆寂江陵。因其有过事蜀之约，其在蜀地影响很大，《茶谱》亦应有齐己茶诗入集。

注释

（1）茶之诗文：即记载、描写、歌咏茶和茶事活动的诗词、书文。

记载描写茶、茶事活动的书文由蜀人常璩《华阳国志》开始，陆羽的《茶经》拓展其疆域。《茶经》是中国乃至世界现存最早、最完整、最全面介绍茶的第一部专著，被誉为茶的百科全书。继《茶经》之后，茶叶专著、茶文化专著陆续问世。毛文锡《茶谱》以及《茶谱》记载提及的皎然《茶诀》、陆龟蒙《品第书》、张又新《煎茶水记》、裴汶《茶述》、温庭筠《采茶录》等，都是在《茶经》之后相继出现的茶书佳作。

茶诗词，一般指描写、歌咏茶和茶事活动的诗词。狭义的茶诗词是指以茶为主题的诗词。广义的茶诗词不仅包括以茶为主题的咏茶诗词，还包括不是以茶为主题的，但诗词中提到了茶的诗词，即“有茶”诗词、“涉茶”诗词。中国是“茶的国度”，也是“诗的国家”，茶很早就渗透到诗词之中，如果从最早涉茶的《诗经》算起（学界尚有争论），已历时两千多年。据统计，我国广义上的茶诗词，唐代约有500多首，宋代多达1000多首，宋以后至当代，每个时期都有大量的留芳于世的茶诗词。

毛文锡所处的时代已是茶诗词盛行的时代，其《茶谱》辑录较多茶诗。

（2）《茶经》：陆羽著，三卷十章七千余字，分别为：卷一，一之源，二之具，三之造；卷二，四之器；卷三，五之煮，六之饮，七之事，八之出，九之略，十之图。全面叙述了茶区分布、茶的生长、种植、采摘、制造、品鉴以及饮茶器具、饮茶历史，成为世界第一部茶业专著。《茶经》一问世，即风行天下，为世人学习和珍藏。《茶经》开启了一个茶的时代，为世界茶业发展作出了卓越贡献，至今仍然是世界茶学、茶业、茶文化的经典著作。

（3）皎然（约720—约795，亦有他说）：唐代著名僧人、茶人、诗人。俗姓谢，字清昼，吴兴（今浙江湖州）人，一说是谢灵运十世孙，一说是东晋名将谢安十二世孙。皎然本人重谢灵运之名，自称谢灵运十世孙。皎然虽为僧人，但在文学、佛学、茶学等方面都有极高造诣。与陆羽、颜真卿等茶人名家多有和诗。现存诗作四百七十余首。有大量茶诗存世，很多著名茶诗仍为今人传诵。“茶道”一词就源于其《饮茶歌诮崔石使君》诗作。皎然在茶界与陆羽齐名。陆羽被称为茶业、茶学之祖，而皎然被称为茶文化、茶道之祖。《茶诀》为皎然作，已佚，无考。

（4）张又新：生卒不详，主要活动在813年前后，字孔昭，深州陆泽（今河北省深州市西旧州村）人。曾在三次大考中得第一名，即“解元”“会元”“状元”连中，谓之“三元”。历史上连中三元者仅十七人，张又新便是其中一人。官至左右补阙、广陵从事。善诗文，有诗文存世，事迹载《唐才子传》。一生嗜茶，著《煎茶水记》一卷，该书为陆羽《茶经》之后的一部重要茶道著作。

（5）裴汶：生卒年不详，晚唐宰相，善为文，长于书翰，自成笔法。著《茶述》，已佚，现仅存序言。裴汶是继陆羽之后与卢仝齐名的茶文化大家。古时很多茶坊间奉陆羽为茶神，常将裴汶、卢仝配享两侧。现存文录后："茶，起于东晋，盛于今朝。其性精清，其味浩洁，其用涤烦，其功致和。参百品而不混，越众饮而独高。烹之鼎水，和以虎形，过此皆不得。人人服之，永永不厌。与粗食争衡，得之则安，不得则病。彼芝术、黄精，徒云上药，至效在数十年后，且多禁忌，非此伦也。或曰，多饮令人体虚病风。余曰不然。夫物能祛邪，必能辅正，安有蠲逐丛病而靡保太和哉！今宇内为土贡实众，而顾渚、蕲阳、蒙山为上，其次则寿阳、义兴、碧涧、溫湖、衡山，最下有鄱阳、浮梁。今者其精者无以尚焉。得其粗者，则下里兆庶，瓶盎纷揉。苟未得，则谓病生矣。人嗜之如此者，两晋以前无闻焉，至精之味或遗也。作《茶述》。"[52]

（6）苏廙：唐末人，生卒不详。著《十六汤品》，见于宋陶谷《清异录》。该书对茶的烹煮法作了精妙阐述，演绎成十六种，是一部茶道的代表作。

（7）顾况《茶赋》：中唐时期的才子顾况所创作

的《茶赋》。该书以大段骈文和对比的方法铺陈出茶叶“上达天子，下被幽人”的魅力，生动地再现了盛唐时期的茶事盛况。原作附后：

[52] [唐]裴汶:《茶述》，引自《中国古代茶书集成》，上海文化出版社，2010年，第75页。《中国古代茶书集成》有误，此处按裴氏《茶述》原文。

[53] [唐]顾况:《茶赋》，引自赵逵夫《历代赋鉴赏辞典》，上海辞书出版社，2017年，第602页。

稽天地之不平兮，兰何为兮早秀，菊何为兮迟荣。皇天既孕此灵物兮，厚地复糅之而萌。惜下国之偏多，嗟上林之不至。如罗玳筵，展瑶席，凝藻思，间灵液，赐名臣，留上客，谷莺啭，宫女嚬，泛浓华，漱芳津，出恒品，先众珍，君门九重，圣寿万春，此茶上达于天子也。滋饭蔬之精素，攻肉食之膻腻，发当暑之清吟，涤通宵之昏寐。杏树桃花之深洞，竹林草堂之古寺。乘槎海上来，飞锡云中至，此茶下被于幽人也。雅曰：不知我者，谓我何求。可怜翠涧阴，中有泉流，舒铁如金之鼎，越泥似玉之瓯。轻烟细珠，霭然浮爽气；淡烟风雨，秋梦里还钱。怀中赠橘，虽神秘而焉求。”[53]

（8）温庭筠（？—866）：本名岐，字飞卿，太原（今属山西）人，唐代诗人、词人。为唐初宰相温彦博之后裔。侍才不羁，纵酒放浪，因此官场不顺，唐懿宗时曾任方城尉，官止国子助教。温庭筠精通音律，诗词兼工，其诗与李商隐齐名，时称“温李”；其词刻意求精，写闺中情绪，风格秾艳，注重文采和声情，被尊为“花间词派”之鼻祖。在词上与韦庄齐名，并称“温韦”。文笔与李商隐、段成式齐名，三人都排行十六，故合称“三十六体”。今有存诗三百多首，清顾嗣立校注《温庭筠诗集》收录。存词六十余首，收录于《花间集》《金荃词》等书。

（9）《采茶录》：为温庭筠所著之茶书，原著已佚，但有部分章节传世。《说郛》《古今图书集成·食货典》有收录，仅存辨、嗜、易、苦以及致五类六则，共计不足400字。《通志·艺文略》作三卷，但其他各书都作一卷。

所记茶之记事五类，共六则：陆羽辨别南冷水的故事；陆龟蒙嗜茶，写品茶诗一篇；刘禹锡与白乐天易茶醒酒；士大夫苦于王蒙请喝茶；刘琨致侄书要真茶。

（10）李白（701—762）：字太白，号青莲居士，又号“谪仙人”，唐代伟大的诗人，被后人称为“诗仙”，与杜甫并称“李杜”。幼随父迁居剑南道绵州昌隆（后改为昌明，今四川绵阳江油）青莲乡，自称祖籍为陇西成纪（今甘肃静宁西南）。有《李太白集》

传世。李白的诗雄奇飘逸，豪迈奔放，想象丰富，语言流转自然，音律和谐多变，富有浪漫主义精神，具有“笔落惊风雨，诗成泣鬼神”的艺术魅力，达到盛唐诗歌艺术的巅峰。《将进酒》《蜀道难》《梦游天姥吟别留》《静夜思》《望庐山瀑布》等为其诗歌代表作。

（11）《答族侄僧中孚赠玉泉仙人掌茶并序》：为李白茶诗之代表作，原诗录后：

答族侄僧中孚赠玉泉仙人掌茶并序

余闻荆州玉泉寺近清溪诸山，山洞往往有乳窟，窟中多玉泉交流，中有白蝙蝠，大如鸦。按《仙经》，蝙蝠一名仙鼠，千岁之后，体白如雪，栖则倒悬，盖饮乳水而长生也。其水边处处有茗草罗生，枝叶如碧玉。惟玉泉真公常采而饮之，年八十余岁，颜色如桃花。而此茗清香滑热，异于他者，所以能还童振枯，扶人寿也。

余游金陵，见宗僧中孚，示余茶数十片，拳然重叠，其状如手，号为“仙人掌茶”。盖新出乎玉泉之山，旷古未觌。因持之见遗，兼赠诗，要余答之，遂有此作。后之高僧大隐，知仙人掌茶发乎中孚禅子及青莲居士李白也。

常闻玉泉山，山洞多乳窟。

仙鼠如白鸦，倒悬清溪月。
茗生此中石，玉泉流不歇。
根柯洒芳津，采服润肌骨。
楚老卷绿叶，枝枝相接连。
曝成仙人掌，似拍洪崖肩。
举世未见之，其名定谁传？
宗英乃禅伯，投赠有佳篇。
清镜烛无盐，顾惭西子妍。
朝坐有余兴，长吟播诸天。

（12）《奉和袭美茶具十咏》：陆龟蒙与皮日休为好友，经常诗词唱和，《奉和袭美茶具十咏》是他和皮日休的一组咏茶诗作。十咏包括茶坞、茶人、茶笋、茶籝、茶舍、茶灶、茶焙、茶鼎、茶瓯、煮茶十首。诗人以其特出的灵感和丰富的辞藻，形象地描绘了唐代茶事的十幅精美画卷。袭美，即皮日休之表字。原诗十韵，摘选其一“茶人”录后：

茶具十咏·茶人

天赋识灵草，自然钟野姿。
闲来北山下，似与东风期。

雨后探芳去，云间幽路危。

唯应报春鸟，得共斯人知。

（13）皮日休（约838—约883）：字逸少，后改袭美，襄阳人，号鹿门子。与陆羽同乡，晚唐时期诗人、文学家，与陆龟蒙齐名，世称“皮陆”。官至太常博士、毗陵副使。黄巢称帝后，曾任翰林学士。著有《皮日休集》《皮子文薮》《皮氏鹿门家钞》等。皮日休一生爱茶，与陆龟蒙常诗词唱和。《茶中杂咏》是皮日休途经苏州时创作的一组咏茶诗，包括茶坞、茶人、茶笋、茶籝、茶舍、茶灶、茶焙、茶鼎、茶瓯、煮茶十首。这组诗对唐代茶事作了灵动缜密的描写。原诗十韵，摘选其一“茶人”录后：

茶中杂咏·茶人

生于顾渚山，老在漫石坞。

语气为茶荈，衣香是烟雾。

庭从懒子遮，果任獳师虏。

日晚相笑归，腰间佩轻篓。

（14）《六羡歌》：陆羽的经典茶诗作，全诗三十四字，简明扼要。诗中六个“羡”字，其中四“不羡”，一个“千羡”和一个“万羡”，充分表达了诗人爱憎分明，反映出诗人的处世态度、价值取向，可以说该诗是陆羽人生处世品质的总结。全诗无一“茶”字，但句句表达的是茶人品格，表达的是诗人的不羡酒，不羡官，不羡荣华富贵，只羡茶，只羡做个隐居山林的茶人情怀。此诗作于唐德宗贞元六年（790），陆羽在上饶惊悉恩师智积禅师圆寂竟陵、又无法赶回见恩师最后一面之时。此时的陆羽已五十八岁。

《六羡歌》原诗：

不羡黄金罍，不羡白玉杯。

不羡朝入省，不羡暮登台。

千羡万羡西江水，曾向竟陵城下来。

（15）杜牧（803—853）：字牧之，号樊川居士，京兆万年（今陕西西安）人。唐代杰出诗人、散文家。官至多地刺史，晚年居长安南樊川别墅，故世称“杜樊川”，著有《樊川文集》。

（16）《题茶山》：是杜牧“奉诏”去顾诸修贡，历茶山而作。诗中一说作者因何而来茶山，二说茶山修贡时的繁华景象，三说茶山的自然风光，四说紫笋茶的入贡。标题亦作《题茶山（在宜兴）》，首句“秀”亦作“地”。

题茶山

山实东吴秀，茶称瑞草魁。
剖符虽俗吏，修贡亦仙才。
溪尽停蛮棹，旗张卓翠苔。
柳村穿窈窕，松涧渡喧豗。
等级云峰峻，宽平洞府开。
拂天闻笑语，特地见楼台。
泉嫩黄金涌，牙香紫璧裁。
拜章期沃日，轻骑疾奔雷。
舞袖岚侵涧，歌声谷答回。
磬音藏叶鸟，雪艳照潭梅。
好是全家到，兼为奉诏来。
树阴香作帐，花径落成堆。
景物残三月，登临怆一杯。
重游难自克，俯首入尘埃。

（17）卢仝（约775—835）：自号玉川子，范阳

（治今河北涿州）人，早年隐少室山，后迁居洛阳，博览经史，工诗善文，性格“高古介僻，所见不凡近”，狷介类孟郊，雄豪近韩愈，韩孟诗派的重要人物。唐文宗太和九年（835），死于甘露之变，葬于济源。卢仝诗作多反映腐败朝政和民生疾苦，风格奇特，近似散文，后人多效仿比拟，遂为宗师。现存诗入《玉川子诗集》，所作《走笔谢孟谏议寄新茶》，传诵千古不衰。卢仝被尊称为“茶仙”。

（18）《走笔谢孟谏议寄新茶》：为卢仝在少室山茶仙谷茶仙泉隐居时所作。该诗对茶的功效和茶饮的愉悦审美，精神升华表现得淋漓尽致，特别是其中的“七碗茶诗”之吟最为脍炙人口。“七碗茶诗”问世后，一千多年来在国内外广为传诵，日本人将其演变为“喉吻润、破孤闷、搜枯肠、发轻汗、肌骨清、通仙灵、清风生”的日本茶道。

走笔谢孟谏议寄新茶

日高丈五睡正浓，军将打门惊周公。
口云谏议送书信，白绢斜封三道印。
开缄宛见谏议面，手阅月团三百片。
闻道新年入山里，蛰虫惊动春风起。

天子须尝阳羡茶，百草不敢先开花。
仁风暗结珠琲瓃，先春抽出黄金芽。
摘鲜焙芳旋封裹，至精至好且不奢。
至尊之余合王公，何事便到山人家。
柴门反关无俗客，纱帽笼头自煎吃。
碧云引风吹不断，白花浮光凝碗面。
一椀喉吻润，两椀破孤闷。
三椀搜枯肠，唯有文字五千卷。
四椀发轻汗，平生不平事，尽向毛孔散。
五椀肌骨清，六椀通仙灵。
七椀吃不得也，唯觉两腋习习清风生。
蓬莱山，在何处？
玉川子，乘此清风欲归去。
山上群仙司下土，地位清高隔风雨。
安得知百万亿苍生命，堕在巅崖受辛苦。
便为谏议问苍生，到头还得苏息否？

（19）《饮茶歌诮崔石使君》：皎然所作《饮茶歌诮崔石使君》诗。原诗录后：

饮茶歌诮崔石使君

越人遗我剡溪茗，采得金牙爨金鼎。
素瓷雪色缥沫香，何似诸仙琼蕊浆。
一饮涤昏寐，情来朗爽满天地。
再饮清我神，忽如飞雨洒轻尘。
三饮便得道，何须苦心破烦恼。
此物清高世莫知，世人饮酒多自欺。
愁看毕卓瓮间夜，笑向陶潜篱下时。
崔侯啜之意不已，狂歌一曲惊人耳。
孰知茶道全尔真，唯有丹丘得如此。

皎然这首诗中出现“茶道”一词，是“茶道”概念最早的文字记载。

（20）杜甫（712—770）：字子美，又号少陵野老，唐代伟大诗人，与李白齐名，合称“李杜”。出生于河南巩县，祖籍湖北襄阳。杜甫诗歌揭露当时社会矛盾，对穷苦人民寄予深切同情。善于选择具有普遍意义的社会题材，在一定程度上表达了人民的愿望。他的许多优秀作品，显示出唐代社会由开元、天宝盛世转向分裂衰微的历史过程，因此被称为“诗史”。在艺术上，他善于运用各种诗歌形式，风格多样，语言精练，具有高度的表现能力，成为我国古代诗歌艺术发展的又一高峰，对历代诗歌艺术创作产生了巨大影响，宋以后被尊为“诗圣”。值得一提的是，安史之乱后，杜甫曾居蜀四年左右，在成都城西浣花溪畔建成一草堂，世称“杜甫草堂”，也称“浣花草堂”。在四川期间留下很多著名诗篇，其中也有不少写茶的诗作。

（21）《重过何氏五首》（之三）：《重过何氏五首》为杜甫的组诗作品，五首诗均写春日，描写诗人再次拜访何将军的情景，其中第三首即为茶诗，写作者在何氏山林的平台上饮茶，兴之所至，便倚石栏在桐叶上题诗，旁边有翡翠鸟、蜻蜓作伴，犹如一幅色调雅致的饮茶题诗图。

重过何氏五首（之三）

落日平台上，春风啜茗时。
石栏斜点笔，桐叶坐题诗。
翡翠鸣衣桁，蜻蜓立钓丝。
自今幽兴熟，来往亦无期。

（22）元稹（779—831）：字微之，洛阳（今河南洛阳市）人。唐朝文学家。曾任监察御史，得罪权宦，出任同州刺史，入为尚书右丞。太和四年（830），出任武昌军节度使。太和五年（831）去世，追赠尚书右仆射。元稹与白居易同科及第，结为终生诗友，共倡新乐府运动，世称“元白”，共创“元和体”，有《元氏长庆集》传世。元和四年春（809），奉命出使剑南东川，曾作通州（今四川达州）司马，在蜀地做官数年。在通州完成了他最具影响力的乐府诗歌《连昌宫词》，并有与白居易酬唱之作一百八十余首。元稹与白居易同为唐代的大诗人，在中国诗歌史上具有无可替代的地位。元稹的茶诗在中国茶文学界也具有十分重要的地位，其代表作为《一七令·茶》。

（23）《一七令·茶》：从形式上看，是一首典型的宝塔茶诗，后人又称为“宝塔诗茶”。这首诗具有形式美、韵律美、意蕴美的特征，在历代众多的咏茶诗中别具一格，精巧玲珑，堪称一绝。在形式上，全诗巧用汉字形体，搭造成一个“金字塔”型的结构，令人耳目一新。在韵律上全部押的是险韵，一气呵成，表现了诗人高超的文字驾驭能力。全诗妙在似精心堆砌，又似漫不经心；似是深思熟虑，又似是随意挥洒；似是文字游戏，又似精妙绝伦；似是平白如话，又有深邃意境。该诗实为茶文学界的千古绝唱，全诗原文录后：

一七令·茶

茶，

香叶，嫩芽。

慕诗客，爱僧家。

碾雕白玉，罗织红纱。

铫煎黄蕊色，碗转曲尘花。

夜后邀陪明月，晨前独对朝霞。

洗尽古今人不倦，将知醉后岂堪夸。

（24）白居易（772—846）：字乐天，号香山居士，又号醉吟先生，祖籍山西太原，生于河南新郑，唐代伟大诗人，与李白、杜甫并称唐代三大诗人。与元稹共倡新乐府运动，世称“元白”，与刘禹锡并称“刘白”。其诗歌题材广泛，形式多样，语言平易通俗。元和年间任左拾遗和左赞善大夫，后因上表请求严惩刺死宰相武元衡的凶手得罪，贬江州司马。长庆间渐次复官至刑部尚书。唐会昌六年（846）逝世。有《白氏长庆集》传世，代表诗作有《长恨歌》《琵琶行》《卖炭翁》等。一生作茶诗词很多，《谢李六郎中寄新蜀茶》为其茶诗代表作。白居易曾任忠州（今重庆忠县）刺史。

（25）《谢李六郎中寄新蜀茶》：作于唐宪宗元和十二年（817）。清明刚过，被贬在江州（今江西九江市）做司马的白居易，收到好友忠州（今重庆忠县）刺史李宣寄来的新茶。在仕途遭受打击时得到好友关心，心生欢喜，不顾自己正在患病，写下这首诗篇。该诗叙述了作者与李宣的深厚友谊，表达了对好友赠新茶的感激之情。同时也彰显了诗人在品茶、辨茶方面独到的造诣。全诗原文录后：

谢李六郎中寄新蜀茶

故情周匝向交亲，新茗分张及病身。
红纸一春书后信，绿芽十片火前春。
汤添勺水煎鱼眼，末下刀圭搅麹尘。
不寄他人先寄我，应缘我是别茶人。

（26）刘禹锡（772—842）：字梦得，洛阳人，生于河南郑州荥阳。官至监察御史，参加永贞革新，反对宦官跋扈和藩镇割据。失败后贬朗州司马，迁连州刺史。后任太子宾客，加检校礼部尚书。和柳宗元交谊深厚，人称“刘柳”；晚年与白居易唱酬甚多，并称“刘白”。留下《陋室铭》《竹枝词》《乌衣巷》等名篇以及哲学著作《天论》三篇传世。著有《刘梦得文集》。刘禹锡写过很多茶诗，《西山兰若试茶歌》是其茶诗代表作。刘禹锡曾任夔州（今重庆奉节）刺史。

（27）《西山兰若试茶歌》：是刘禹锡任朗州（今湖南常德）司马时所作的一首赞茶诗。作者在常德十年，对常德茶十分嗜好。在该诗中作者盛赞常德西山寺生长的好茶，生动地描写了茶的采摘、制作、煮饮以及茶之功效。诗中“斯须炒成满室香”句，记录下了唐代一些地区已出现炒青绿茶工艺的制茶历史，是公认炒青绿茶的最早文字记载，对研究茶叶制造历史提供了珍贵的史料。全诗原文录后：

西山兰若试茶歌

山僧后檐茶数丛，春来映竹抽新茸。
宛然为客振衣起，自傍芳丛摘鹰嘴。
斯须炒成满室香，便酌砌下金沙水。
骤雨松声入鼎来，白云满碗花徘徊。
悠扬喷鼻宿酲散，清峭彻骨烦襟开。
阳崖阴岭各殊气，未若竹下莓苔地。
炎帝虽尝未解煎，桐君有箓那知味。
新芽连拳半未舒，自摘至煎俄顷余。

木兰沾露香微似，瑶草临波色不如。
僧言灵味宜幽寂，采采翘英为嘉客。
不辞缄封寄郡斋，砖井铜炉损标格。
何况蒙山顾渚春，白泥赤印走风尘。
欲知花乳清泠味，须是眠云跂石人。

（28）《西陵道士茶歌》：温庭筠所作的一首品茶诗。诗中描写西陵道士在山洞里饮茶读《黄庭经》，口齿留香，神思通仙的情形。这是一首充满道教意味的茶诗。全诗原文录后：

西陵道士茶歌

乳窦溅溅通石脉，绿尘愁草春江色。
涧花入井水味香，山月当人松影直。
仙翁白扇霜鸟翎，拂坛夜读黄庭经。
疏香皓齿有余味，更觉鹤心通杳冥。

（29）贯休《桐江闲居作十二首》（之三）：贯休（832—912）本姓姜，字德隐，婺州兰溪（今属浙江）人，唐天复间入蜀。贯休主要生活在蜀，是五代前蜀画家、诗人，其诗、书、画、茶，四项皆高绝。晚唐时期，贯休避乱于山寺，作诗甚丰，诗言山水禅茶为多。期间曾闲居桐江，《桐江闲居作十二首》就是贯休在这个时期所作的组诗，这里选其组诗中的第三首。诗曰：

静室焚檀印，深炉烧铁瓶。
茶和阿魏暖，火种柏根馨。
数只飞来鹤，成堆读了经。
何妨似支遁，骑马入青冥。

檀印，檀香。支遁，东晋高僧名士。桐江，指富春江流经桐庐县河段一带。青冥，指青天、仙境。

这首诗写僧人在静室里焚香修行，在深炉上烧铁瓶煎茶的禅韵诗画：禅房静室，檀香袅袅，燃炉煎茶，仙鹤浅飞，一幅寂美幽远的意境。诗中描写的煎茶法，是唐时的主流饮茶方式，煎时加入了阿魏。阿魏为一种中药，性温，味辛、苦，归肝经、脾经以及胃经，有化症散痞、消积杀虫功效。

（30）齐己《咏茶十二韵》：齐己（约860—约937），唐代晚期、五代著名诗僧，与皎然、贯休被称为“唐代三大诗僧”。作《咏茶十二韵》，为茶诗代表作。诗曰：

百草让为灵，功先百草成。
甘传天下口，贵占火前名。
出处春无雁，收时谷有莺。
封题从泽国，贡献入秦京。
嗅觉精新极，尝知骨自轻。
研通天柱响，摘绕蜀山明。
赋客秋吟起，禅师昼卧惊。
角开香满室，炉动绿凝铛。
晚忆凉泉对，闲思异果平。
松黄干旋泛，云母滑随倾。
颇贵高人寄，尤宜别匮盛。
曾寻修事法，妙尽陆先生。

这是一首优美的五言排律，从茶叶的培植、生长、采摘、制作、封装、运送、烹煎、品尝，写到茶的色、香、味、饮的感受，几乎所有与茶相关之事俱涉，咏尽其妙。

韩国智异山始植茶遗址

十八世纪生物学家林奈制作的茶叶标本（伦敦林奈协会博物馆）

汉代柿蒂乳钉纹铜鼎

左上　宋代广元窑黑釉盏

右上　长沙窑青釉褐彩茶埦铭碗

左下　宋代吉州窑黑釉剪纸贴花双凤纹盏

右下　宋代琉璃厂窑青釉研钵

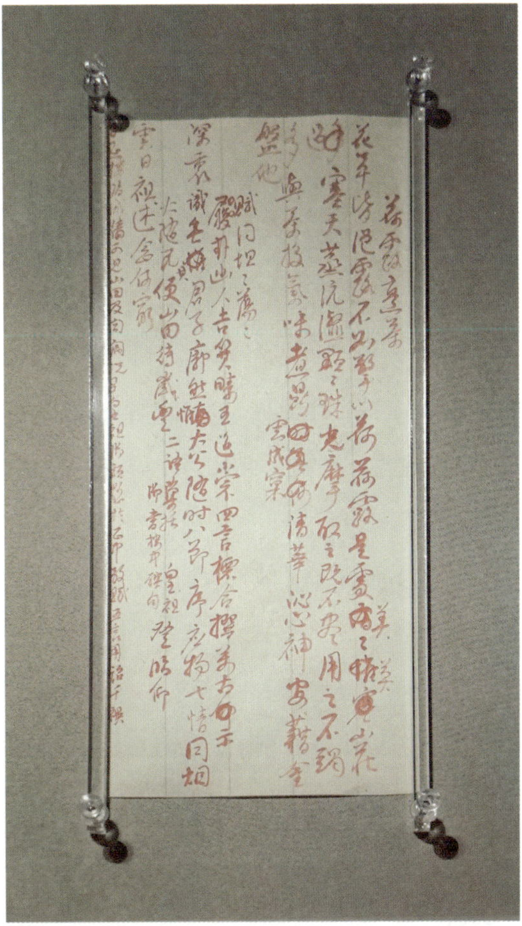

清乾隆书荷露烹茶诗稿

附二　茶之水[1]

（一）陆羽《茶经》云："其水，用山水上，江水中，井水下。其山水，拣乳泉[2]、石池漫流者上，其瀑涌湍漱[3]勿食之，久食，令人有颈疾。又多别流于山谷者，澄[4]浸[5]不泄，自火天[6]之霜郊[7]以前，或潜龙蓄毒于其间[8]，饮者可决之，以流其恶，使新泉涓涓然，酌之。其江水，取去人远者，井水取汲多者。"

（二）张又新《煎茶水记》在刘伯刍品七水上，列水品二十：

庐山康王谷水帘水[9]第一。

无锡县惠山寺石泉水[10]第二。

蕲州兰溪石下水[11]第三。

峡州扇子山下有石突然，泄水独清冷，状如龟形，俗云虾蟆口水[12]第四。

苏州虎丘寺石泉水[13]第五。

庐山招贤寺下方桥潭水[14]第六。

扬子江南零水[15]第七。

洪州西山西东瀑布水[16]第八。

唐州柏崖县淮水源[17]第九。

庐州龙池山岭水[18]第十。

丹阳县观音寺水[19]第十一。

扬州大明寺水[20]第十二。

汉江金州上游中零水[21]第十三。

归州玉虚洞下香溪水[22]第十四。

商州武关西洛水[23]第十五。

吴松江水[24]第十六。

天台山西南峰千丈瀑布水[25]第十七。

郴州圆泉水[26]第十八。

桐庐严陵滩水[27]第十九。

雪水[28]第二十。

（三）蜀地好水。

雅州蒙顶山蒙泉[29]。

峨眉山玉液泉[30]。

辑佚

南宋四川璧山（今重庆璧山区）进士蒲国宝所著《金堂南山泉铭》序称："兰陵钱治尝作《南山泉记》，实仁宗天圣四年，距今盖一百二十有一年也。钱又夸大其言，以谓：'陆羽作《茶经》，第水之品三十；张日（又）新《煎茶水记》，又增其七；毛文锡作《茶谱》，又增至二十有八。”（《全蜀艺文志》卷四四）虽然所言兰陵钱治对《茶经》《煎茶水记》和毛文锡《茶谱》论水“夸大其言”，为我们留下了毛文锡《茶谱》论水的事实，其所谓“夸大”，也包含增加宜茶水品之意。从这段铭文所记，我们可以确认毛文锡《茶谱》当有水品之论。蒲国宝系南宋时期从巴蜀地区走出的进士，一生钟爱饮茶且对茶饮有诸多研究，他所处的时期仅在毛文锡一百余年之后，极有可能亲眼看到过《茶谱》原文。因此，蒲氏铭文所记应该具有真实性。《全蜀艺文志》又收入蒲氏铭文，更证明其记载真实可靠。

蒲国宝《金堂南山泉铭》序所记载南山泉，有人认为是重庆璧山南山泉，也有人认为是今四川金堂县云顶山南山泉。究竟何指，今各持一端，两处均存有其铭文。尽管所记“南山泉”其指有异，但并不影响蒲氏铭文的真实性。

蒲氏铭文记载的毛文锡《茶谱》之水品真实可靠。但其具体内容有诸多失真，“夸大其言”。一是“陆羽作《茶经》，第水之品三十”之说，查《茶经》原文，无此记载；二是“张日（又）新《煎茶水记》又增其

金堂南山泉銘 并序

宋 蒲國寶

蘭陵錢治嘗作《南山泉記》，寔仁宗天聖四年，距今蓋一百二十有一年也。錢又誇大其言，以謂：「陸羽作《茶經》，第水之品三十；張日新《煎茶記》，又增其七；毛文錫作《茶譜》，又增至二十有八。金堂南山泉，當不在蘭溪第二水下。」然前之三人，足跡曾不一履此地，宜皆不為所賞鑑，故此泉湮没而無聞焉〔一〕，可嘆也。先朝時，家恬户嬉，一時人士往往多以卜泉試茗，相誇為樂事。至靖康後，天下騷然苦兵，生民困於征徭，邑中之黔惴然，方以貨泉供億縣官不給為恐，泉之甘否，何暇議耶！

黄君才叔，此方之修整士也，紹興辛巳，於南山之南，手披荆棘，鋤其荒穢，卓江山景物之會，作屋十數楹，極幽居之勝。而巖竇之間，泉之湮者復達，引之庭除，其聲涓涓。遇暇日，余率二三賓朋，登君之堂，洗心滌慮，便覺煩暑坐變清凉。酌為茗飲，則又莶甘可愛，誠如治之言者。余以是知物之廢興通塞亦自有時，何獨一泉耶。是不可不銘。銘曰：

峽水東注，鶴峰北峙。幽幽南山，爲國之紀。有洌彼泉，出於嵒底。清新香潔，酌之如醴。吾儕小人，豈曰知味。宜茶而甘，即爲佳水。近世錢治，蓋嘗品第。方之蘭溪，不在第二。陸羽既遠，無復爲紀。日新、文錫，兹亦已矣。今之易牙，未知孰是。一泉小物，隱而弗示。不有奬鑑，孰發其閟。勒銘山阿，以告吾類。

七；毛文锡作《茶谱》，又增二十有八”之说，查张又新《煎茶水记》原文，其数不实。张氏开篇列刘伯刍水品有七，然后假陆羽之口列水品二十。蒲氏把“前七”和重新调整后的“后二十”加在一起（实际上二十已包括了前七），共二十七，“夸大其言”为三十有七，再为毛文锡论水“夸大其言”为三（按，原文为“二”）十有八。尽管是“夸大其言”，从这段文字我们还是可知：一、毛文锡《茶谱》水品之论是承续了陆羽《茶谱》之论水品和张又新《煎茶水记》水品之论；二、毛文锡《茶谱》水品之论是对陆羽《茶经》和张又新《煎茶水记》水品之论的承袭和发展。既有承袭，又有发展；既有已论，又有新论。三、毛文锡在继承的基础上，不仅看到了前辈们将各地之水分等次排位的弊端（毛文锡之后有很多人都看到了这一点），而且还看到了前辈们所列“好水”仅是各自主观的所见所闻，足迹未至之地的“好水”未必能涉。因此，毛文锡《茶谱》水品之论必然在前辈所列水品的基础上补加自己最熟悉的“好水”。故辑出《茶谱》水品之论补之，附后：

茶之水

（一）陆羽《茶经》云：“其水，用山水上，江水中，井水下。其山水，拣乳泉、石池漫流者上，其瀑涌湍漱勿食之，久食，令人有颈疾。又多别流于山谷者，澄浸不泄，自火天之霜郊以前，或潜龙蓄毒于其间，饮者可决之，以流其恶，使新泉涓涓然，酌之。其江水，取去人远者，井水取汲多者。”

《茶经》全文没有所谓将水分为二十等的记载。“其水，……井水取汲多者”为《茶经》论水之精华。其将天下之水分为上中下三等。即山水上，江水中，井水下。其三等水，实为三类煮茶之水，非三个某一地之水也。《茶谱》论水，承《茶经》之说，亦当引此段入集，故辑入。

（二）张又新《煎茶水记》在刘伯刍品七水上，列水品二十：

庐山康王谷水帘水第一。

无锡县惠山寺石泉水第二。

蕲州兰溪石下水第三。

峡州扇子山下有石突然，泄水独清冷，状如龟形，俗云虾蟆口水第四。

苏州虎丘寺石泉水第五。

庐山招贤寺下方桥潭水第六。

扬子江南零水第七。

洪州西山西东瀑布水第八。

唐州柏崖县淮水源第九。

庐州龙池山岭水第十。

丹阳县观音寺水第十一。

扬州大明寺水第十二。

汉江金州上游中零水第十三。

归州玉虚洞下香溪水第十四。

商州武关西洛水第十五。

吴松江水第十六。

天台山西南峰千丈瀑布水第十七。

郴州圆泉水第十八。

桐庐严陵滩水第十九。

雪水第二十。

张又新在《煎茶水记》中假陆羽之口，在前列刘伯刍所品七水基础上，加以扩大，重新品评水品二十。《金堂南山泉铭》序言“毛文锡作《茶谱》，又增至二十有八”，虽“夸大其言”，但水品二十当实。故辑入。

（三）蜀地好水。

雅州蒙顶山蒙泉；

峨眉山玉液泉。

毛文锡《茶谱》在承袭前辈所列水品的基础上补加

自己最熟悉的蜀地好水，雅州蒙顶山蒙泉、峨眉山玉液泉均为蜀地名泉。故辑入。

注释

（1）茶之水："水为茶之母，器为茶之父。"茶叶从离开茶树那一刻起，就期待与水相遇。水唤醒茶，茶成就水。水包容茶，茶丰富水。茶因水而重生，水因茶而清香。茶有各种茶，水有各种水，只有好茶配好水，茶味才甘美。茶与水关系至深，自古谈茶必论水。明代张大复在《梅花草堂笔谈》中说："茶性必发于水。八分之茶，遇十分之水，茶亦十分矣；八分之水，试茶十分，茶只八分耳！"[54]水是茶的色、香、味的载体，茶的多种物质的体现，茶美的呈现，都是通过水来实现的。

[54] [明]张大复：《梅花草堂笔谈》，浙江人民美术出版社，2016年，第57页。

古人认为，择水先择源，水质清、活、轻，水味则甘冽。陆羽在《茶经》中说，其水，山水上，江水中，井水下。于茶，陆羽认为以甘美而清冽的泉水最佳，苏轼强调活水最优，宋徽宗则以清轻甘冽为美。

陆羽经过长期观察体验，总结出他所经历的配茶好水。张又新在《煎茶水记》中排列了天下好水二十。毛文锡在《茶谱》中继承前人论水成果，又列出了自己在蜀地经历的配茶好水。

据南宋四川籍进士（今重庆璧山）蒲国宝《金堂南山泉铭序》所记载，毛文锡《茶谱》水品“二十有八”，辑出“茶之水”。

（2）乳泉：指从石钟乳滴下的甘美而清冽的泉水。

（3）瀑涌湍漱：指山水汹涌翻腾冲击。瀑，水飞溅。湍，水势急而旋。

（4）澄：清澈而不流动的水。

（5）浸：指河泽湖泊之水。

（6）火天：即炎热天、夏天。因火主夏，故称。

（7）霜郊：应为霜降，节气名。火天至霜降，指6月至10月霜降期间。

（8）潜龙蓄毒于其间：潜居于水中的龙蛇蓄毒于水中。指久停于池的积水积存动植物腐败物，滋生菌毒而产生于人身有害之物。

（9）庐山康王谷水帘水：又称庐山谷帘泉，位于江西庐山汉阳峰南面康王谷谷底，水源源自汉阳峰。据《星子县志》载：“谷帘泉，在近康王谷底，笃里钱树右下方。泉水源自汉阳峰，西行为枕石崖所阻，湍怒喷涌，散落纷纭，数十百缕，斑驳如玉帘，悬注三百五十丈，故名谷帘泉，亦匡庐第一观也。”[55]该泉水质，古人称有八大特点：清、冷、香、冽、柔、甘、净、不噎人，有“天下第一泉”之称。张又新在《谢山僧谷帘泉》诗中称：“消渴茂陵客，甘凉庐阜泉。泻从千仞石，寄逐九江船。竹匮新茶出，铜铛活火煎。……迢递康王谷，尘埃陆羽篇。何当结茅屋？长在水帘前。”历代文人墨客为其留下了很多赞美的诗篇。南宋理学家朱熹曾隶书“谷帘泉”三个大字，刻于涧旁崖壁之上。2000年4月，“天下第一泉新世纪国际茶会”曾在此召开，国内外茶文化界名流汇集于此，论茶品水，并立一碑，以示纪念。

（10）无锡县惠山寺石泉水：《辞海》曰，惠山“在江苏省无锡市惠山区。江南名山之一”。惠山寺石泉水，亦称无锡惠山泉，位于江苏无锡市西郊惠山山麓锡惠公园内，泉因山而得名。该泉水源于若水洞，透过岩层裂隙，呈伏流汇集而出，遂成为泉。泉水质轻味甘，能溢诸茗色、香、味、形之美，深受茶人赞誉。惠山泉名噪天下。唐元和进士李绅谓此水是“人间天液，清鉴肌骨，漱开冲虑，茶得此水，尽皆芳味”。元代书法家赵孟頫和清代书法家王澍分别题号“天下第二泉”五个大字。自唐以来，无数文人墨客写下了许多赞美惠山泉的诗文，还有一些帝王将相不惜重金，将惠山泉用舟车运载到京城供其享用。

（11）蕲州兰溪石下水：蕲州，今湖北黄冈蕲春境。兰溪石下水，亦名兰溪泉，据《蕲水县志》载："天下第三泉，在治西南四十里兰溪镇东数里南岳庙后。"[56]唐杜牧曾在泉边吟诗一首："兰溪春尽碧泱泱，映水兰花雨发香。楚国大夫憔悴日，应寻此路去潇湘。"苏东坡有词云："山下兰芽短浸溪，松间沙路净无泥。潇潇暮雨子规啼。　谁道人生无再少，门前流水尚能西。休将白发唱黄鸡。"兰溪石下水，被誉为天下第三泉。

[56] 吴觉农：《中国地方志茶历史资料选辑》，中国农业出版社，1990年，第394页。

（12）虾蟆口水：虾蟆口水，亦称蛤蟆泉。位于湖北宜昌西北长江西陵峡中黄牛峡下游南岸的虾蟆碚，碚后重山掩映，峭壁森立，如扇如屏，因此又有扇子峡之称。因此处有一块豁然挺出的大石，呈椭圆形，形似虾蟆，清泉倾泻于虾蟆的脊背和口鼻之间，漱玉喷珠，形若水帘，垂注江中，故名虾蟆泉。其内积泉成潭，水色清明，味甘甜润美，最宜试茶。列二十水品中之第四，故而被历代茶人称为"天下第四泉"。《东湖县志》载："第四泉在虾蟆培，石大数丈，形如虾蟆，其山出泉，陆羽尝品其水味天下第四。”黄庭坚尝汲泉烹茶，称其“冷熨人齿”，有句云：“巴人漫说蛤蟆培，试裹春芽来就煎。”陆游诗云：“巴东峡里最初峡，天下泉中第四泉。”[57]《东湖县志》将“碚”作“培”，并云：“《一统志》作‘培’，一作‘背’，言山势与江相背。”这里沿俗仍作“碚”。

[57] [清]林有席：《东湖县志》，方志出版社，2017年，第111页。

（13）苏州虎丘寺石泉水：虎丘，在江苏省苏州市西北。虎丘山位于江苏省苏州阊门外山塘街。虎丘山又名海涌山，因“丘如蹲虎，以形名”，山有虎丘寺，为东晋司徒王珣和弟司空王珉所建。虎丘景色优美，有“塔从林外出，山向寺中藏”“红日隐檐底，青山藏寺中”之称。白居易做苏州刺史时常游虎丘，戏称自己的游览“一年十二度，非少也非多”。虎丘山石泉在剑池附近，地处千人岩右侧，冷香阁之北。据《苏州府志》载，唐德宗贞元中，陆羽曾客居苏州虎丘，汲水品茗，发现虎丘山泉水清澈如镜，甘甜可口，实属煎茶好水，于是便在虎丘山上挖了一口井泉用来品茶试茶。同时还在井泉外开山种茶，并用泉水灌浇茶园，使种茶成为苏州一业。后陆羽将苏州虎丘寺山泉水列为第五。刘伯刍列苏州虎丘石泉为第三，因此，苏州虎丘寺石泉水还有

“天下第三泉”之美誉。

（14）庐山招贤寺下方桥潭水：亦名招隐泉，位于江西庐山东南石人峰麓，栖贤谷旁。泉水源自五老、汉阳、太乙诸峰汇合的三峡间。招隐泉旁栖贤寺，建于南齐永明七年（489）。唐宝历初，江州刺史将该寺迁至招隐泉边，并在此读书，故名栖贤寺。因曾有七个人在此先后读书做学问，又称“七贤寺”。栖贤寺有亭曰“六泉亭”。泉水从亭内石龙口中流出，终年不枯，四季长流，且水质好，清纯滑口，用来沏茶，色清味醇，陆羽评为“庐山招贤寺下方桥潭水第六”，于是，招隐泉自唐以来有“天下第六泉”之美誉。至今泉边仍竖立一石碑，上书“陆鸿渐品为天下第六泉”。在亭阁上还书有“天下第六泉”五个大字。

（15）扬子江南零水：亦称中泠泉，位于江苏镇江金山以西的石弹山下，属于由地下水沿石灰岩裂隙上而形成的上升泉。泉水清澈甘冽，涌水沸腾，气泡翻滚，十分壮观。据史料载，金山原为一小岛，中泠泉只在干旱季节、江水退落时才露出泉眼。平时要取中泠泉水，需架舟渡江而上。随着长江主干道北移，金山才与南岸相连。如今，中泠泉成为长江南岸陆地景观。池旁石栏上，有清代书法家王仁堪所题的“天下第一泉”五个大字。与陆羽同时代的刘伯刍曾评中泠泉为“天下第一泉”。

（16）洪州西山西东瀑布水：亦名西山泉，位于江西洪州（今南昌）西山。唐代曹松有诗云：“洪州向西顾，不忍暂忘君。记得瀑泉落，省同幽鸟闻。一回经雨雹，长有剩风云。未定却栖息，前头江海分。”宋代郑刚中有诗云：“浸以西山泉，秀色遂可掬。”

（17）唐州柏崖县淮水源：位于鄂豫交界桐柏山北麓，河南省桐柏县（唐代属山南东道唐州）境内。淮水源，即我国四大江河之一的淮水发源地。桐柏山水帘洞水，清纯甘冽，水帘洞在桐柏县城西五公里，群山环抱，松柏苍翠，距地表六米余，发出清脆悦耳之音。淮水源头之水北，从山崖缝隙间渗泄于洞内成泉。洞口被山顶倾泻而下的瀑布遮盖，犹如珠帘垂挂。有诗赞曰：“半山垂下水晶帘，疑是银河落九天。今古无有能卷得，月钩空挂碧云边。”陆羽评为“天下第九佳水”。

（18）庐州龙池山岭水：位于安徽合肥市庐江县龙池山，现立有石碑，碑文据顺治十三年《庐江县志》载，龙池山在“治西三十五里”，上有龙池庵、观音庙，下有甘泉寺，顶有天井即龙池，池内有涌泉。龙池山上“泉凡五出，俱清洁甘美，寺傍者胜。其山夹水道，沙石俱浮，泉流及河隐伏不见。行三四里许至高皇岭下涧将会处，水方出流。泉之味甘，故名。”[58]龙池山岭水被列为“天下第十泉”。

（19）丹阳县观音寺水：丹阳县，今江苏丹阳。观音寺水，亦名玉乳泉，位于丹阳城北观音山原广福寺殿前。晋太元时凿，宋景定四年（1263）寺僧为井建亭。唐代刘伯刍评为“天下第四泉”。宋朝宰相陈尧佐手书井名“玉乳泉”三字。陆游曾赞此井水“色类牛乳，干冷熨齿”。

[58] ［清］吴宾彦修、王方歧纂：《庐江县志》，黄山书社，2008年，第44页。

（20）扬州大明寺水：位于江苏扬州市大明寺西花园内。大明寺始建于南朝大明年间（457—464），故而取名大明寺。大明寺泉，水质清澈，用来沏茶，香甜味醇，为茶人所推崇。陆羽曾住寺品茶，列扬州大明寺泉为“天下第十二”。刘伯刍曾列扬州大明寺水第五，因此大明寺也有“天下第五泉”之美称。

（21）汉江金州上游中零水：亦名中泠水。汉江源于陕西，流经湖北，在武汉入长江。中零水，位于汉江金州境内，即汉江中心之水，为天下名水之一。中零水是汉江上游水受石山所阻，转弯处江心的水，泡茶极佳，列天下第十三。江畔的石头上刻有清代张补山竹枝词《我忆金州好》词句。

（22）归州玉虚洞下香溪水：位于湖北秭归县香溪镇东谭家山麓，玉虚洞下香溪河畔。据清同治《归州志》载："香溪，即王昭君所游处。《寰宇记》：香溪源发昭君村，水味甚美，载在《水品》，色碧如黛，澄清可掬。"[59]玉虚洞相传发现于唐天宝五年（746），洞门成半月形，门口刻有"玉虚洞天"四个字。洞呈不规则长方形，宽敞壮丽，四壁生钟乳石，形状变化多样，千姿百态，浑如地下宫殿。洞室面积达3600平方米，洞内四季如春。自唐以来，历代文人学士，多曾到此，品茗试水，吟诗抒怀。玉虚洞下的泉水流入香溪河，故称"香溪水"，亦称"香溪泉"。泉水清澈明亮，回甘可口，取泉沏茗，可尝到"香、清、甘"的茶品。据说天宝年间陆羽曾到此取水试茗，评定此水为天下宜茶水品第十四，后有"天下第十四泉"之称。

[59] 吴觉农：《中国地方志茶历史资料选辑》录《归州志》，中国农业出版社，1990年，第416页。

（23）商州武关西洛水：商州，今陕西商州。武关，位于陕西省商州丹凤县城东40公里的峡谷之间。西洛水，源发陕西省洛（雒）南县冢岭山的伊洛水的一条支流，从洛南流过丹凤县武关之西，至太古河汇入丹江。据说陆羽曾沿汉水流域西行进入陕西商州武关，品鉴过武关西洛水，并品评为天下第十五。

（24）吴松江水：即吴淞江，古称松江、吴江、亦名松陵江、笠泽江，属黄浦江支流。在上海市西部和江苏省南部，源出太湖瓜泾口，流经江苏省苏州市、昆山市，贯穿上海市区，东流到外白渡桥入黄浦江。与东江、娄江共称“太湖三江”，原为长江入海前的最后一条支流。杜甫曾有诗赞：“安得并州快剪刀，剪取吴淞半江水。”明代诗人倪瓒诗赞：“吴淞江水似荆溪，九点烟岚落日西。”

（25）天台山西南峰千丈瀑布水：位于浙江天台县城西平镇紫凝山奇岩幽谷。此地云山重叠，群峰竞秀，瀑布飞泻，溪水长鸣。《天台县志》载，唐陆羽品泉所指西南峰，名曰瀑布山，一名紫凝山，在天台县城西四十里，有瀑布垂流千丈，与国清、福圣二瀑为三，其山出奇茗。陆羽评定为天下宜茶水品第十七。后有“天下第十七泉”之称。其悬崖题刻有“天下第十七水”。

（26）郴州圆泉水：郴州，即今湖南郴州。圆泉，位于郴州苏仙区坳上镇田家湾村，郴州市南十五里处。泉从石壁圆孔流出，汇成一个圆圈水潭，故此泉又称圆泉。自古有“圆泉香雪”之谓，泉水色晶莹，质清醇，味甘冽。用圆泉水沏茶，芬芳馥郁，妙不可言，被品评为第十八水，亦称天下第十八泉，泉水左侧上方石壁竖镌“天下第十八泉”六字。

（27）桐庐严陵滩水：位于今天浙江桐庐县城西富村山下富春江边。严陵即严子陵，东汉会稽余姚人，曾隐居富春山，常在富春江畔垂钓，后在其垂钓之处，建严子陵钓台。其水以严子陵钓台之下为最佳，故称严陵滩水。被品评为天下最宜茶水品之第十九，后有“天下第十九泉”之称。

（28）雪水：非某地之水，一类水也。为自然雪融化后的水，清纯雪水为一种美妙的天然饮料。古代文人雅士常将树枝上新雪扫下煮沸沏茶，清纯爽口且强身健体。《本草纲目》载，雪水能解毒治瘟疫，“解一切毒，治天行时气瘟疫”，“煎茶煮粥，解热止渴”[60]。唐白居易诗有“融雪煎香茗”说以雪水煎茶。据科学研究，雪水中含酶化合物比普通水多，饮雪水可使人体血中胆固醇含量显著下降，能防治动脉硬化。雪水中含重水成分比普通水少25%，所以雪水有奇妙的保健作用。古人将雪水誉为“天泉”，雪水烹茶为历代茶人所喜爱。雪水被陆羽品评为天下第二十。清代乾隆尤其钟爱雪水烹茶，乾隆将雪水视为天下第一水，说过“遇

[60] [明]李时珍：《本草纲目》，湖北教育出版社，2019年，第353页。

佳雪，宜收取”的话，亲自创设了“三清茶”。

（29）蒙顶山蒙泉：亦名古蒙泉。位于四川雅安蒙顶山腰，据传自汉代，即为古人种茶汲水之井，距今已两千余年。传说平羌江河神之女，从此井出入，故又名“龙井”。据《雅州府志》载：“甘露井，在蒙顶上清峰，井内斗水，雨不盈，日旱不涸，后人盖之以石。游者虔礼，揭衣取水烹茶，则有异香。若擅自揭取，虽晴日，即时大雨。”[61]四川清末状元骆成骧在《登蒙山饮茶》诗中曰：“何人能饮九霄露？试汲蒙泉煮蒙茶。”此井又奉为“甘露井”，明代王世贞在《陇蜀余闻》中云：“其旁有泉，恒用石覆之，味清妙，在惠泉之上。”[62]惠泉即惠山泉，为天下第二泉。宋代文同有诗赞曰：“试掬龙井沏蒙茶，玉川若见垂涎垢。”这里的龙井即蒙井。唐宋以后，曾有众多文人学士撰文赋诗咏赞蒙泉。王世贞赞蒙泉在惠泉之上，蒙泉就应该和时为第一的中泠泉并为第一。

（30）峨眉山玉液泉：《辞海》曰：“眉，古亦作‘嵋’。在四川峨眉山市西南。以有山峰相对如蛾眉，故名。”玉液泉，位于四川峨眉山金顶之下的万定

[61] ［清］曹抡彬：《雅州府志》，雅安市地方志办公室，2016年，第95页。

[62] 陈祖槼、朱自振：《中国茶叶历史资料选辑》录《陇蜀余闻》，中国农业出版社，1981年，第360页。

桥边，神水阁前。有“神水第一”之誉。玉液泉以一潭碧泓悦人，以奇绝水品称雄。历代称此泉为“天上神水”，历经千百年仍大旱不竭，水品清澈明亮，一旦饮下，两腋清风。黄庭坚等名人雅士曾来此咏泉品茗，留下了许多赞美玉液泉、峨眉茶的美好诗章。

上　茶马古道背夫图（厄勒斯特·亨利·威尔逊1910年摄）

下　唐白釉炉（河北省曲阳县涧磁村出土）

上　辽黄釉执壶

下　北宋绿釉刻折枝花卉竖条纹执壶

左上　明宣德青花云龙纹梨形执壶
右上　明嘉靖金属胎漆龙凤纹瓜棱式壶
左下　明嘉靖紫砂提梁壶（江苏省南京市明司礼太监吴经墓出土）
右下　明晚期紫砂胎漆山水人物图壶

述评

一　毛文锡其人

在中国茶文化史、中国文学史等研究领域，毛文锡可以说是一位不得不说的人物。毛文锡，字平珪，五代前蜀、后蜀时期的大臣、词人。其生地，有人说是高阳人（今属河北），有人说是南阳人（今属河南）；其生年，史籍无确切记载，我们只能断定毛文锡主要活动于五代前蜀、后蜀时期。生地难判，生年又不详，一千多年来，几成历史谜团，着实令今天的诸多研究者感到迷茫、费解。

清代文学家、藏书家吴任臣（1628—1689）利用在翰林院修《明史》之便，饱览藏书，搜集大量五代十国史料，写成《十国春秋》。他在这部专著的卷四十一专门立传，介绍了毛文锡的生平和业绩。其传文如下：

毛文锡字平珪，高阳人，唐太仆卿龟范子也。年十四，登进士第，已而来成都，从高祖官翰林学士承旨。永平四年，迁礼部尚书，判枢密院事。

先是，峡上有堰，或劝高祖乘江涨，决之以灌江陵。文锡谏曰："高季昌不服，其民何罪？陛下方以德怀天下，忍以邻国之民为鱼鳖食乎！"高祖乃止。通正元年，进文思殿大学士，已又拜司徒，判枢密院如故。

天汉时，宦官唐文扆同宰相张格为表里，与文锡争权。会文锡以女适仆射庾传素子，宴亲族于枢密院，用乐不先奏闻，高祖闻鼓吹声，怪之，文扆因极口摘其短，贬文锡茂州司马，子询流维州，籍其家。

及国亡，随后主降唐，未几，复事孟氏。与欧阳炯等五人以小辞为后蜀主所赏。文锡有《前蜀纪事》二卷，《茶谱》一卷。尤工艳语，所撰《巫山一段云》词，当世传咏之。

司马光《资治通鉴》卷二六八亦言："高阳毛文锡。"卷二六九又载："峡上有堰，或劝蜀主乘夏秋江涨，决之以灌江陵，毛文锡谏曰：‘高季昌不服，其民何罪？陛下方以德怀天下，忍以邻国之民为鱼鳖食乎？’蜀主乃止。”

从《十国春秋》和《资治通鉴》这两部重要史籍的上述记载，我们认定：毛文锡的生地当为河北高阳，即今天的河北省保定市高阳县。高阳在中国历史上建制较早，西汉高祖元年（前206）始置高阳县，属涿郡，唐代曾置高阳军，五代十国时期置高阳郡。毛文锡的生年虽在这两部重要史籍中记载不详，但我们在这两部史籍中可以看到毛文锡主要在前蜀、后蜀时期，工于词文，且参与了大量的政治活动。前蜀时期，在关系万千无辜百姓生死攸关的危急时刻，毛文锡敢于直谏其主忧万民，行仁政。

毛文锡出生在官宦之家，其父毛龟范，曾是唐朝太仆卿。毛文锡十四岁进士及第，曾事前蜀高祖王建，官翰林学士承旨。前蜀永平四年（915），迁礼部尚书，判枢密院事。这个时期，是毛文锡官运亨通、春风得意的时期。也就在这个时期，毛文锡做了一件让后人难忘的大事：成功劝阻前蜀高祖王建以决堤水淹江陵来对付高季昌的行动。《资治通鉴》和《十国春秋》均对此事作了记载。前蜀时期，盘踞在江陵的高季昌（后又叫高季兴）与前蜀曾发生过多次战事，面对高季昌的威胁，前蜀高祖王建决定乘长江涨水，决堤水攻高季昌盘踞的江陵。毛文锡得知王建的想法后，敢于直谏，成功地劝阻了王建水攻江陵的想法，江陵百姓幸免决堤之灾。这是毛文锡为官一生中做过的留名青史的政事。

前蜀的缔造者王建共有十一子，长子王宗仁“幼以疾病”，次子元膺是王建贵妃张氏所生，“多才艺，能射钱中孔，尝自抱画球掷马上，驰而射之，无不中。”[1]但元膺相貌不佳，裂唇，大龅牙，还生就一对斜眼。尽管如此，王建仍十分器重元膺，十七岁就立为太子，“判六军，创天武神机营，开永和府，置官署”[2]。元膺生性轻狂，朝中结怨很多。据载，前蜀初立时，有四股政治势力左右朝廷：一是早年随王建征伐起家的王宗翰等人；二是王建近侍唐道袭；三是太子元膺一党；四是毛文锡等大臣。在这四股势力中，毛文锡等人占其一，可见毛文锡在前蜀初建时期地位还是相当显赫的。

司马光《资治通鉴》、欧阳修《新五代史》和吴任臣《十国春秋》均记载了一件前蜀时期与毛文锡有关的事情：九一三年七夕节，太子元膺召诸王大臣饮宴，集

[1] 欧阳修《新五代史》，中华书局，2016年，第887页。

[2] 欧阳修《新五代史》，中华书局，2016年，第887页。

王王宗翰、内枢密使潘峭、翰林学士承旨毛文锡等人没来。元膺认为集王等人不来，是受到了潘峭和毛文锡的挑拨。于是入宫对王建说："潘峭、毛文锡离间我和集王兄弟情感。"王建一听大怒，欲将潘峭和毛文锡贬逐。王建的近侍唐道袭参与了元膺的宴会，在宴席上目睹事情经过。唐道袭素与太子有隙，于是借机暗中对王建说："太子阴谋作乱，欲召诸将、诸王，以兵锢之，然后举事。"唐道袭借口保卫皇帝，请求召屯营兵入宫宿卫。王建同意了唐道袭的请求，于是宫中内外戒严，一时风声鹤唳，人心惶惶。太子闻唐道袭召集士兵，自称天皇甲士，抓捕了潘峭和毛文锡等人，拷打囚禁，又让忠于自己的徐瑶、常谦等人攻打唐道袭。唐道袭大败，并被抓获斩首。王建在宫中得到消息后，以太子谋反为由，发兵讨伐太子一党，太子元膺被王宗翰所杀。

这就是前蜀建立之初爆发的一次严重内讧，牵涉前蜀四股政治势力。毛文锡等人也是这次内讧事件的重要参与者。

前蜀天汉年间，毛文锡因与前蜀宰相张格、宦官唐文扆争权，被贬茂州（今四川松潘）司马。毛文锡有一儿一女，儿子毛询曾任员外郎，因受毛文锡牵连被流放维州（今四川理县）。女儿嫁庾传素之子。庾传素曾任前蜀蜀州刺史，累官至左仆射兼中书侍郎、同平章事，是前蜀高祖时期继王宗佶、韦庄、张格、王锴、周庠之后的第六任宰相。毛文锡还有个弟弟叫毛文晏，是五代前蜀一位著名文人，曾任前蜀翰林学士，文采出众，工于制诰，受毛文锡牵连被贬谪荥经尉（今四川荥经），后官复兵部侍郎，著有《西园集》十卷、《昌城后寓集》十五卷、《东壁出言》三卷。

前蜀灭亡后，毛文锡曾有过短暂的时间归顺后唐，不久又事后蜀。在后蜀做官期间，与欧阳炯等人以小词为后蜀君主所赞赏，在后蜀赢得了施展才华的机会。

毛文锡一生著述很多，著有《前蜀纪事》二卷、《茶谱》一卷，词今存三十二首，见于《花间集》《尊前集》《唐五代词》等，收录入《花间集》的有三十一首。

毛文锡的主要成就在词作，后人给他的盖棺之誉是“著名词人”。

毛文锡所处的唐末五代时期，是一个社会动荡、兵戈扰攘的时期，众多地方政权割据一方。四川远离中原逐鹿之硝烟，虽也有过局部战乱，但由于自然条件的优越特别是独特的地理环境，割据西南一隅的前蜀、后蜀政权（907—965）时期，社会较为稳定，经济较为繁荣，人民生活也较为安宁，这为毛文锡等文化人提供了较为宽松的文学创作空间、品茶究茶空间。这个时期的前蜀、后蜀，文化较为繁荣。后蜀广政三年（940），刊行了中国词学史上第一部文人创作的曲子词总集《花间集》，该集成为中国词苑艳丽夺目的奇葩。《花间集》收入唐末五代十八位词人的作品，共五百首，为后蜀赵崇祚编纂，欧阳炯作序。《花间集》的编纂者赵崇祚，甘肃天水人，其父赵廷隐，五代后蜀将领，开国功臣，曾任后蜀中书令。为《花间集》作序的欧阳炯是益州华阳（今属四川成都市）人，曾任后蜀中书舍人、翰林学士、门下侍郎同平章事等要职，是地道的蜀人。十八位词人中，除温庭筠、皇甫松、和凝三位，其余十五位都活跃于前蜀、后蜀时期，或生于蜀，或宦于蜀。《花间集》的问世，宣告了中国文学史上最早的文人词派——花间词派的崛起，标志着词作为一种文学形式大踏步登上文坛，标志着中国诗歌艺术开始向曲词艺术迈进。《花间集》成为唐诗宋词两大文学样式承前启后的桥梁和纽带，在中国文学发展史上具有不可替代的地位。毛文锡在花间派，是和温庭筠、皇甫松、欧阳炯等人并列的人物。

《花间集》大部分词的内容都具有浓厚的南方地域

文化色彩，反映了晚唐五代时期中国经济文化中心逐渐南移的特征。南方诸国，特别是巴蜀地区的前蜀、后蜀偏安一隅的富足与安宁，孕育了崇尚享乐奢靡的社会风气。偏安心态和及时行乐的思想相伴而生，并外化为声色犬马、纸醉金迷的生活方式。南方地域文化和词体本身的特征，共同促成了以《花间集》为代表的浓郁南方地域文化色彩文学形式的形成。词中大量南方物象反复出现，如自然物象有荔枝、荷菱、蕉花、燕、鸳鸯、黄鹂等，人工物象有越罗、巴锦、蜀锦、博山炉、麹尘罗等。在毛文锡的三十一首词中，出现的南方物象也很多，如《中兴乐》一词写到的“荔枝”“淘金”“蕉叶”“鸳鸯”等等，就是典型的南方物象。

《花间集》完成了诗体向词体的蜕变，将词调推到了新的发展高度。唐五代词的创调，以《花间集》为分野，开始了词人竞相创调的局面。花间词人的竞相创调，促成了两宋创调高潮的到来，把词推向高峰。在毛文锡三十余首词中，就创造了多个词牌，如“赞成功”“中兴乐”“接贤宾”“柳含烟”“月宫春”等等。

《花间集》得名于花间词人张泌的《蝴蝶儿》词“还似花间见，双双对对飞”。张泌（生卒年不详），唐末登进士第，《花间词》称他为“张舍人”，花间派的代表人物之一，今存曲子词28首，诗19首。花间词，词风秀软，落笔多在闺房，以堆砌华艳的词藻来形容妇女的服饰体态，且词风大体一致。尽管如此，花间词毕竟开创了词作之先河，其中不乏传咏千古的好词。

五代时期后蜀末代皇帝孟昶是一位生于乱世、兴于乱世、亡于乱世的枭雄。史载孟昶勇健多谋，聪悟才辩，有赫赫战功，在位期间勤于朝政，劝农兴教，促进了蜀地一时的欣欣向荣。孟昶喜好词曲歌舞，很多臣属投其所好，献媚邀宠。据说一些后蜀要臣为讨好孟昶，专工小词。其中毛文锡、鹿虔扆、欧阳炯等人最具代表性。因献词邀宠，这些人常遭时人忌恨，以至后来有人将毛文锡、鹿虔扆、欧阳炯、韩琮、阎选扯在一起，弄出个“蜀中五鬼”来。

将毛文锡等列为“蜀中五鬼”之说，源自明代杨慎《词品》。《词品》卷二称：“毛文锡、鹿虔扆、欧阳炯、韩琮、阎选皆蜀人，事孟后主，有‘五鬼’之号，俱工小词，并见《花间集》。此集不传。正德初，得之于昭觉僧寺，乃孟氏宣华宫故址也。后传刻于南方云。”[3]后来又有明曹学佺《蜀中广记》卷一〇四

[3] [明]杨慎：《词品》，见李调元《函海》，人民出版社，2012年，第587页。

云：“《梼杌》载，毛文锡、鹿虔扆、欧阳炯、韩琮、阎选皆蜀人，事孟后主，有‘五鬼’之号。俱工小词，并见《花间集》。”[4]《十国春秋》亦载鹿虔扆“与欧阳炯、韩琮、阎选、毛文锡等，俱以工小词供奉。后主时，人忌之者号曰‘五鬼’”。[5]

“五鬼”之谓多为贬意。在中国历史上，五代至北宋近百年间接连出现过三个名为“五鬼”的文人群体，即后蜀主孟昶时代，毛文锡、欧阳炯、鹿虔扆、韩琮、阎选被称为“蜀中五鬼”；南唐冯延巳、冯延鲁、陈觉、魏岑、查文徽，活跃在中主李璟、后主李煜时期，被称为“南唐五鬼”；北宋王钦若、丁谓、林特、陈彭年、刘承珪被称为“北宋五鬼”，比蜀中五鬼、南唐五鬼稍晚。南唐五鬼、北宋五鬼在文学上多有较大建树，但在从政为官时侵损时政、奸邪险伪。可“蜀中五鬼”不同，从现存史料看，这五个人除写点小词，“为后主欣赏”外，均无大奸大恶、祸国殃民的证据，缺乏像“南唐五鬼”“北宋五鬼”一样确实可信的史实支撑。“五鬼”之谓，名不副实。再就宋以来记载前蜀、后蜀历史的相关史料看，“蜀中五鬼”言之不详，查之不实，与时人

[4] [明]曹学佺：《蜀中广记》卷一〇四，商务印书馆影印故宫博物院藏文渊阁本。

[5] [清]吴任臣：《十国春秋》，中华书局，2010年，第815页。

记之不符。从时间上看，“蜀中五鬼”历经宋元两代后才突然见录于明代，悠悠四百余年，难为信说；从记载的出处看，“蜀中五鬼”之说源于杨慎《词品》，取材未免有道听途说之嫌。《蜀中广记》《十国春秋》载“蜀中五鬼”之说已是明末至清朝年间，相距更为遥远，而且明显属沿袭杨慎之言，更不足为据。从见载的人物看，“蜀中五鬼”情况复杂，很难将“五鬼”列为一个群体，更何况这五个人还有诸多被人称道的政绩和德行操守。如毛文锡关切国计民生，主张施行德政的事迹被载入青史。鹿虔扆在前蜀、后蜀为官期间，时人多对其人品赞不绝口，得“鹿公高节”之誉。阎选乃一介平民，没有涉足政事。欧阳炯虽为高官，“尝应命作宫词，淫靡甚于韩偓”，但其词大都是应命而作，本人是被动的。就所见史料看，欧阳炯从政也无十恶不赦的罪行。至于韩琮列为五鬼就更不靠谱了。《花间集》收录了十八家词作，欧阳炯、鹿虔扆、阎选、毛文锡均赫然在列，却无韩琮踪迹。据李商隐《为濮阳公陈许奏韩琮等四人充判官状》（《樊南文集》），刘昫等《旧唐书》，裴庭裕《东观奏记》，劳格、赵钺《唐尚书省郎官石柱题名考》，徐松《登科记考》，计有功《唐诗纪事》等载，韩琮应是唐代大中时人，活动期间应在唐中晚时期。据此推算，到前蜀、后蜀，年已过百，恐已不在世。如若在世，高寿衰年，也不可能供奉君主，又怎么可能归入五鬼之列呢？韩琮既非五代时人，赵崇祚编《花间集》不把他收入亦在情理之中了。“蜀中五鬼”中的韩琮不实，“蜀中五鬼”之说自然存疑。在明代，汤显祖曾质疑：“毛文锡、鹿虔扆、韩琮、阎选与此公（欧阳炯）皆蜀人，事孟后主，有‘五鬼’之号。皆工小词，并见《花间集》。今集中独遗韩琮，殊不可解。”[6]汤显祖的质疑，给了我们两个可贵的信息，一说明“蜀中五鬼”之说，明代已有传；二说明“蜀中五鬼”在明代一开始传出就受到了怀疑。既然“蜀中五鬼”之说都难以成立，那么毛文锡被贬列“五鬼”之说就更不成立了。

[6] [明]汤显祖撰、徐朔方校注：《汤显祖全集》，北京古籍出版社，1999年，第1650页。

毛文锡词，虽有花间词人词风香软的共同特征，但也不乏佳作，且极受当时宫廷内外文人赞誉。毛文锡学识淹贯，其词质直爽朗，多有婉丽风致的一面。其代表作有《更漏子》《醉花间》《巫山一段云》《临江仙》等。

《更漏子》词云：

春夜阑，春恨切，花外子规啼月。人不见，梦难凭，红纱一点灯。　　偏怨别，是芳节，庭下丁香千结。宵雾散，晓霞晖，梁间双燕飞。

用《更漏子》词牌作词在花间派词人中很多，温庭筠就有著名的“玉炉香”“柳丝长”“星斗稀”等等。毛文锡这首词亦是“花间”名篇之一，描写少妇春思情愫。春夜已深，春恨未了，闺中人思绪万端，夜不成眠，所思念之人只有在梦中去寻觅。由爱生恨，由思生怨，少妇的思念和“恨”与“怨”，在子规的啼叫声和丁香千结的花蕾里升华成一种挥之不去的郁闷。子规啼叫之声近似于“不如归去”，丁香结蕾更是唐诗中忧愁难解的意象。毛文锡将二者巧妙结合起来，将闺中少妇春思念远的情愫展现得淋漓尽致。此词是毛文锡词中的上品，历代词家都给予了好评。俞陛云评价这首词时说：此词“上阕言春夜之怀人。质言之，人既不见，虚索之梦又无凭，则当前相伴，惟此一点纱灯，照我迷离梦境耳。下阕言春日之怀人，霞明雾散，见燕双而人独也”[7]。清代著名词学家陈廷焯在他的《云韶集》中评道：“‘红纱一点灯’，真妙。我读之不知何

[7] 俞陛云：《唐五代词境浅说》，中国盲文出版社，2019年，第74页。

故，只是瞠目呆望，不觉失声一哭。我知普天下世人读之，亦无不瞠目呆望，失声一哭也！'红纱一点灯'，五字五点血。"[8]

《虞美人》呈现的则是另一番景象。

宝檀金缕鸳鸯枕，绶带盘宫锦。夕阳低映小窗明，南园绿树语莺莺，梦难成。　　玉炉香暖频添炷，满地飘轻絮。珠帘不卷度沉烟，庭前闲立画秋千，艳阳天。

这首词的上阕铺写少妇闺室内陈设和室外的景象：鸳鸯枕上华贵精美的宫锦、绶带，室外夕阳低垂掩映于小窗之上，绿树上婉转啼鸣的莺莺，勾起少妇的思绪，睡梦难成。下阕写玉炉飘出氤氲的香气，少妇起身闲立"画秋千"，不让美好时光流逝的别样意境。毛文锡这首词与温庭筠善叙器物陈设的环境渲染方式十分接近，这种表达方式使词旨劲达，清新显露，质直流畅。况周颐曾评价"毛词简质而情景具足"[9]。

毛文锡词中具有"质直"意境的词还有《中兴乐》，很有代表性。

[8] 陈廷焯：《云韶集》，引自史双元《唐五代词纪事会评》，黄山书社，1995年，第820页。

[9] ［清］况周颐著，孙克强辑考：《蕙风词话·广蕙风词话》，中州古籍出版社，2003年，第409页。

豆蔻花繁烟艳深，丁香软结同心。翠鬟女，相与，共淘金。　　红蕉叶里猩猩语，鸳鸯浦。镜中鸾舞，丝雨，隔荔枝阴。

这首词以其“质直”的语境记录下了南方淘金风俗。李调元说：“古淘金多妇女，大约出于两粤土俗。毛文锡《中兴乐》词云（略），皆粤中俗也。今楚蜀多有之，然皆用男子矣。”[10]但毛文锡这首词，描述的是五代时期蜀中女子淘金的情景。李调元曾在岭南为官，发现了粤中女性淘金的证据，故而分析此俗“大约出于两粤”，殊不知古时蜀中亦有此俗。这首词中的荔枝、淘金、繁花丽景、丝丝细语等等，新鲜奇异，风土气息浓郁，极具美感和吸引力。潘慎在评价这首词时说：淘金“本是一种很艰苦的劳动，但在这首词中，却把这艰苦的劳动写得很有诗意了”[11]。

毛文锡词中，被后人称赞传咏最多的一首当为《巫山一段云》。

[10] 李调元：《李调元著作选》，罗江县文化体育广播影视新闻出版局、四川省民俗学会李调元研究委员会编，2013年，第118页。

[11] 潘慎：《唐五代词鉴赏辞典》，北京燕山出版社，2009年，第576页。

雨霁巫山上，云轻映碧天。远风吹散又相连，十二晚峰前。　暗湿啼猿树，高笼过客船。朝朝暮暮楚江边，几度降神仙？

毛文锡在这首词中，以宋玉《高唐赋》原创的男女欢会题材摹写情感，词中虽有历史上楚襄王与巫山神女幽会交欢的文化背景，但词人以含蓄地在楚江边等待神女降临的企盼，暗喻着对爱情的渴望。更让人赞叹的是，词中对巫山一段“玄美”之云的描写。宋代词人叶梦得认为“逮览其全集，有《巫山一段云》词，细心微诣，直造蓬莱顶上”[12]。明代文学家徐士俊叹此词是“画云第一手”[13]。清代词人陈廷焯用“神光离会”[14]，盛赞此词。清代词人贺裳在《皱水轩词筌》中说：“文人无赖，至驰思杳冥，盖自高唐作俑而后，遂浸淫不可禁矣。毛文锡《巫山一段云》曰：‘远风吹散又相连，十二晚峰前。暗湿啼猿树，高笼过客船’，摹写云气，真觉氤氲蓊渤，满于纸上。末云：‘朝朝暮暮楚江边，几度降神仙。’虽用神女事，犹不失为《国风》

[12] [清]冯金伯：《词苑萃编》卷三，引自史双元《唐五代词纪事会评》，黄山书社，1995年，第818-819页。

[13] [明]卓人月、徐士俊：《古今词统》，引自史双元《唐五代词纪事会评》，黄山书社，1995年，第818页。

[14] [清]陈廷焯：《词则》，上海古籍出版社，1984年，第560页。

好色。”[15]从这首词的描写来看，毛文锡的词虽有质直一面，也有蕴藉幽深的另一面。他的《临江仙》一词也涉巫山神女事，但描写却有不同。《巫山一段云》通篇尽言巫山云气的“玄美”，《临江仙》则重在抒发一种哀怨之情，巫山神女只是陪衬，湘夫人的故事才是主线。《临江仙》虽赋旧事，却蕴蓄了词人的感触，流露出深厚的历史底蕴和深远的人生体悟。

毛文锡《甘州遍》是《花间集》五百首词中最具有特殊意义的一首词。词曰：“秋风紧，平碛雁行低，阵云齐。萧萧飒飒，边声四起，愁闻戍角与征鼙。　青冢北，黑山西。沙飞聚散无定，往往路人迷。铁衣冷，战马血沾蹄，破蕃奚。凤凰诏下，步步蹑丹梯。”该词调长六十三字，写边塞征战，场面宏阔，凄厉苍茫，开北宋边塞词之先声。全词着眼于描写边塞生活，在艳丽香软的五代词坛上，这种雄浑刚健之作，殊为难得，把风、云、沙、青冢、黑山、号角、征鼙、战马、铁衣等具有边塞典型特征的物象尽纳于笔下，同时渲染一种战争的肃杀气氛，展现了毛文锡“质直”词风的另一般韵味。清代词人陈廷焯评这首词“结以功名，鼓战士之气”[16]。北宋范仲淹《渔

[15] 史双元:《唐五代词纪事会评》，黄山书社，1995年，第818页。

[16] [清]陈廷焯:《词则》，上海古籍出版社，1984年，第293页。

家傲》“塞下秋来风景异，衡阳雁去无留意。四面边声连角起，千嶂里，长烟落日孤城闭”的句子，应是受这首词的影响。

毛文锡在词作的章法上也有独到之处，他的《醉花间》一词在章法上以起调的高妙著称，词云：

其一：

休相问，怕相问，相问还添恨。春水满塘生，鸂鶒还相趁。　　昨夜雨霏霏，临明寒一阵。偏忆戍楼人，久绝边庭信。

其二：

深相忆，莫相忆，相忆情难极。银汉是红墙，一带遥相隔。　　金盘珠露滴，两岸榆花白。风摇玉佩清，今夕为何夕？

上篇的“问”和下篇的“忆”，开篇接连出现三次，短促警醒，层层递进，语气渐强，情意渐厚，且词中人所谓的“不问”“不忆”仅是强自解怨，非实话也。清苦独居，思念亲人远戍，虽言“休相问”，安能不问？越是抛开，越是缠绵。

下篇言红墙遥望，明知相忆徒劳，然风露良宵，安能忘却？不相忆者，实相忆至深也。

此词开篇故意设计，曲笔铺陈，顿挫有力。明代汤显祖评道：“创语奇耸，不嫌高调。”[17]清代词人陈廷焯评道：“此种起笔，合下章自成章法，自是一时兴到之作，婉约无比。后人屡屡效之，反觉数见不鲜矣。”[18]清代词人况周颐读这首词则喜欢后段，评曰：“余只喜其《醉花间》后段‘昨夜雨霏霏’数语，情景不奇，写出政复不易，语淡而真，亦轻清，亦沉着。”[19]可见毛文锡的这首《醉花间》与他其他的词作不同，这是一首胜在章法上的佳作。

[17]《汤显祖批评〈花间集〉》卷二，引自史双元《唐五代词纪事会评》，黄山书社，1995年，第816页。

[18]［清］陈廷焯：《云韶集》，引自史双元《唐五代词纪事会评》，黄山书社，1995年，第816页。

[19]况周颐：《餐樱庑词话》，引自史双元《唐五代词纪事会评》，黄山书社，1995年，第816页。

毛文锡的词从内容到形式，从词的创调到章法的创新，都有很多可圈可点之处。后人冠之以五代时期著名词人，可谓实至名归。

除了词作上的成就，毛文锡更让后人感佩的是他所作的《茶谱》一书。该书系统地记载了茶源、茶事、茶分布、茶种类、茶种植、茶制作以及茶文、茶诗等等，是研究宋以前中国茶文化的重要历史文献，其历史价值仅次于陆羽《茶经》。可以说，《茶谱》是中国历史乃至世界历史上第二部重要茶书。遗憾的是原书已佚。宋人乐史《太平寰宇记》、吴淑《事类赋注》等书做了节选性的记载，让我们今天还能从某一个侧面领略毛文锡笔下分布在中国大江南北的名茶和活生生的茶事活动。

《全蜀艺文志》和《璧山县志》收录南宋时期进士蒲国宝撰写的《金堂南山泉铭》，文中记载了张又新作《煎茶水记》、毛文锡作《茶谱》之事。蒲国宝是今重庆璧山区蒲坎坝人，南宋进士（蒲氏是否南宋时期的状元待考。有人认定为开禧元年进士登第，似不合），据说在南宋战乱时期，长期匿居璧山乡下，潜心治学。由于爱茶喜水，对家乡金堂南山山泉极为赞赏，作《金堂南山泉铭》颂之。其序曰："兰陵钱治尝作《南山泉记》，实仁宗天圣四年，距今盖一百二十有一年也。钱又夸大其言，以谓：'陆羽作《茶经》，第水之品三十；张日（又）新《煎茶记》，又增其七；毛文锡作《茶谱》，又增至二十有八。金堂南山泉，当不在兰溪第二水下。'"《全蜀艺文志》将"三十有八"作"二十有八"应为笔误。其铭文曰："峡水东注，鹤峰北峙。幽幽南山，为国之纪。有洌彼泉，出于岩底。清新香洁，酌之如醴。吾侪小人，岂曰知味？宜茶而甘，即为佳水。近世钱治，盖尝品第。方之兰溪，不在第二。陆羽既远，无复为纪。日新文锡，兹亦已矣。今之易牙，未知孰是。一泉小物，隐而弗示。不有奖鉴，孰发其闷。勒铭山阿，以告吾类。”[20]蒲国宝在《金堂南山泉铭》的序言和铭文中都提到了毛文锡，而且将其与唐代陆羽、张又新同列，虽指责钱治“夸大其言”，但毕竟留下了毛文锡论水的记载，谓其在《茶谱》中水品“三十有八”，可见毛文锡《茶谱》除了对茶的记载，还有对水品的品记。

[20] [明]杨慎编，刘琳、王晓波点校：《全蜀艺文志》卷四四，线装书局，2003年，第1326-1327页。

毛文锡曾与唐末五代著名画僧、诗僧贯休过从。贯休（832—912），俗姓姜，字德隐，婺州兰溪（今浙江兰溪市）人。唐天复年间入蜀，被前蜀主王建封为“禅月大师”。贯休诗名高节，宇内咸知。尝有句云“一瓶一钵垂垂老，万水千山得得来”，时称“得得和尚”。其《禅月集》有五百余首诗存世；亦擅绘画，在中国绘画史上，享有很高声誉。存世《十六罗汉图》为其代表作。贯休除诗书画盛名远播、成就卓著外，还是一位嗜茶如命的僧人。贯休爱茶品茶，更有留存于世的茶诗数十首，如《上冯使君五首》（“扣舷得新诗，茶煮桃花水”）等。特别是《和毛学士舍人早春》一诗，为我们研究历史上著名“茶癖”毛文锡留下了重要的历史依据。从这首诗可知，贯休与毛文锡因茶结缘，成为诗词唱和的茶友。贯休称毛文锡“茶癖”，成就了毛文锡在中国茶文化界的一个专有雅号。

二　毛文锡《茶谱》概说

毛文锡《茶谱》辑佚文，共辑佚正文五十条（处）和两部分附文，形成茶之源、茶之出、茶之造、茶之功、茶之贡、茶之别、茶之事七章和茶之诗文、茶之水附文两章，共九章。从九章内容看，《茶谱》在《茶经》的基础上，大大拓展了茶和茶文化的领域。更为可贵的是，《茶谱》记录下了《茶经》问世后至宋以前一百多年间中国茶业、茶文化蓬勃发展的历史。

一、从《茶谱》记载的茶事，看唐末五代的中国茶业发展

唐代末年，社会矛盾日趋恶化，以黄巢起义为代表的大规模农民战争冲击着中央王朝的统治，唐帝国逐渐走向衰亡。军阀（藩镇）割据的局面逐渐取代了大一统的唐帝国，各路军阀互相争斗、互相兼并，连年战争造成了民不聊生的乱世局面。从宣武节度使朱温征战二十年成为天下第一强藩，到907年4月，朱温篡唐称帝建立大梁，标志着唐王朝黯然落幕。接着各方藩镇纷纷称帝，中国进入大分裂的五代十国时期。从907年到960年北宋政权建立，五代十国的大分裂历时半个多世纪。

《茶谱》产生在这个时期。

毛文锡在总结唐末五代时期茶产业、茶文化快速发展的基础上，借鉴陆羽《茶经》的优秀成果，写成了《茶谱》这样一部旷世茶书。

《茶谱》面世大致在唐末五代初，即907年前后。《茶经》面世大致在780年左右，前后相距大约120年。与《茶经》相比，《茶谱》在茶区分布、名茶产地、贡茶分布、非茶之茶、茶诗文等方面都有较大拓展，不失为中国历史上仅次于《茶经》的一部茶业专著、茶文化专著。

1.《茶谱》记载的产茶区较《茶经》更为广泛

陆羽《茶经》卷下《八之出》详细记载了唐代茶叶产地分布情况：

山南以峡州上，襄州、荆州次，衡州下，金州、梁州又下。淮南以光州上，义阳郡、舒州次，寿州下，蕲州、黄州又下。浙西以湖州上，常州次，宣州、杭州、睦州、歙州下，润州、苏州又下。剑南以彭州上，绵州、蜀州次，邛州次，雅州、泸州下，眉州、汉州又下。浙东以越州上，明州、婺州次，台州下。黔中生思州、播州、费州、夷州，江南生鄂州、袁州、吉州，岭南生福州、建州、韶州、象州。[21]

唐代贞观元年（627），太宗分天下为十道，即关内道、河东道、河北道、河南道、山南道、陇右道、淮南道、江南道、剑南道和岭南道。

[21] ［唐］陆羽：《茶经》卷下“八之出”，引自朱自振、沈冬梅、增勤《中国古代茶书集成》，上海文化出版社，2010年，第13-14页。

贞观十四年（640），唐共设三百六十州（府），下辖一千五百五十七县。

开元二十一年（733），唐玄宗又分天下为十五道，即将山南道、江南道分为东、西两道，同时增设京畿道、都畿道和黔中道，至唐末，其行政区划仍为十五道。

以十五道三百六十州府的行政区划计，陆羽《茶经》共记载了八道四十三州。八道是：山南东道、山南西道、淮南道、剑南道、江南东道、江南西道、岭南道、黔中道。四十三州是：峡、襄、荆、衡、金、梁、光、义阳郡、舒、寿、蕲、黄、湖、常、宣、杭、睦、歙、润、苏、彭、绵、蜀、邛、雅、泸、眉、汉、越、明、婺、台、思、播、费、夷、鄂、袁、吉、福、建、韶、象。

陆羽自言“其思、播、费、夷、鄂、袁、吉、福、建、韶、象十一州未详，往往得之，其味极佳”[22]。这十一个州未详，说明陆羽自己没有对这十一个州作过实地考察，可能仅据传闻偶得其茶而记之。详也罢，不详也罢，《茶经》记载的产茶区毕竟还是涉及当时的八道四十三州，非常不易了。

[22] ［唐］陆羽：《茶经》卷下“八之出”，引自朱自振、沈冬梅、增勤《中国古代茶书集成》，上海文化出版社，2010年，第14页。

然而，陆羽《茶经》对唐代产茶区的记载并不齐全，仍有遗漏，这是因为陆羽的记载多来自考察和传闻，没有条件接触到官藏用书及档案资料所致。

《新唐书·地理志》记载，在唐代的土贡中有茶叶的州府是怀、峡、归、夔、金、兴元府、寿、庐、蕲、申、常、湖、睦、福、饶、溪、雅等十七个州府，其中，怀、归、夔、庐、饶、溪、申等七个州，不见于《茶经》记载。申州应指义阳郡，《茶经》已列入义阳郡。除申州，应有六个州不见于《茶经》记载。

唐代产茶区除上述的“四十三加六”四十九个州府外，还有一些产茶区未记入《茶经》。

据唐李肇所著《唐国史补》卷下载“岳州有灉湖之含膏”“洪州有西山白露”[23]，唐代岳州、洪州也是产茶区。

又据欧阳修、宋祁《新唐书》载韦丹任容州刺史时，“教民耕织，止惰游，兴学校，民贫自鬻者，赎归之，禁吏不得掠为隶。始城州，周十三里，屯田二十四所，教种茶、麦，仁化大行”[24]。可见，容州亦应是产茶区。唐代容州在今广西北流市境。

又据欧阳修、宋祁《新唐书》载：何易于任益昌县令时，“盐铁官榷取茶利，诏下，所在毋敢隐。易于视诏书曰：‘益昌人不征茶且不可活，矧厚赋毒之乎？’命吏阁诏，吏曰：‘天子诏何敢拒？吏坐死，公得免窜邪？’对曰：‘吾敢爱一身，移暴于民乎？亦不使罪尔曹。’即自焚之。观察使素贤之，不劾也。”[25]据这条记载可知，唐时蜀地益昌县亦产茶，益昌县隶利州，蜀地利州亦是产茶区。

又据清阮元等纂修《广东通志》载：“西樵山，在县西南一百二十里……唐末诗人曹松移植顾渚茶于此，

[23] 陈祖椝、朱自振：《中国茶叶历史资料选辑》录《唐国史补》，中国农业出版社，1981年，第213页。

[24] [宋]欧阳修、宋祁：《新唐书》卷一九七，中华书局，1975年，第5629页。

[25] [宋]欧阳修、宋祁：《新唐书》卷一九七，中华书局，1975年，第5634页。

居人遂以茶为生云……”[26]

《广州志》亦有类似的记载，说明唐后期广州境内的西樵山已成为当时的产茶区。

又据《古今图书集成》卷一八九《山川典》“罗浮山部”载：“野人洞在罗（浮）山北，唐王体靓所居旁有茶园。”《广东通志·山川考》载：“罗浮有茶，产于山顶石上，如蒙山之石茶，其香倍于庙岕。”[27]罗浮山在惠州府博罗县城西北五十里，博罗县在唐代隶属于循州，那么，循州也应是唐代产茶区。按今天的茶区划分上述两处属华南茶区。

[26] 吴觉农:《中国地方志茶历史资料选辑》，中国农业出版社，1990年，第493页。

[27] 吴觉农:《中国地方志茶历史资料选辑》，中国农业出版社，1990年，第492页。

[28] 吴觉农:《中国地方志茶历史资料选辑》，中国农业出版社，1990年，第582页。

又据清黄廷桂等编纂的《四川通志》载：“绥定府（今达州）茶，唐志：通州东乡俱出。”[28]说明通州亦应是产茶区。唐代通州在今四川达州市境，唐代大诗人元稹曾任通州司马，作《通州》一诗。

综上所述，唐代产茶州至少有五十六个，在这五十六个产茶区中，至少有十四个产茶州府未记入《茶经》。按733年划分的十五个道计，唐代产茶区的分布是：河南道一个州，山南东道六个州，山南西道一个州，淮南道七个州，江南东道十一个州，江南西道八个州，剑南道十个州，黔中道五个州，岭南道七个州。这五十六个产茶州府，还不包括唐代的云南地区。据《蛮书》卷七《云南管内物产》载："茶出银生城界诸山，散收，无采造法。蒙舍蛮以椒、姜、桂和烹而饮之。"[29]可见，云南也是产茶区，只是因为当时这些地区地处偏僻，其人于茶仅为"散收"，尚不知"采造之法"，无法为外界所知。

[29] 陈祖槼、朱自振:《中国茶叶历史资料选辑》录《蛮书》，中国农业出版社，1981年，第218页。

唐末五代十国时期，产茶区与陆羽所处的时代相比其范围无疑已大大扩展。据《太平寰宇记》《新五代史》等文献记载，五代十国时期产茶区已增加到七十余个，较唐代净增逾三分之一。五代十国时期虽为天下分裂的"乱世"，但各国为其生存发展，不得不重视发展生产，以增加财政收入。茶作为当时的一个主要产业，各国统治者都倍加重视，极力推动发展以征收茶税来扩充军费，茶业成了一些国家的战略性产业。五代十国时期饮茶之风已经大为盛行，随着人口的频繁迁徙，茶叶生产技术也得以广泛传播。五代十国茶叶生产的发展为两宋时期的茶叶生产大发展奠定了坚实基础。

毛文锡《茶谱》记载的产茶州府虽未能涵盖当时的

所有茶产区，甚至陆羽《茶经》已经有记载的产茶州府也未见其载，但毛文锡《茶谱》记载了多个《茶经》未涉的产茶区。

《茶谱》：“涪州出三般茶，宾化最上，制于早春；其次白马；最下涪陵。”

《茶谱》：“洪州西山之白露、双井白芽及鹤岭茶极妙。”

《茶谱》：“渠江薄片，一斤八十枚。”

《茶谱》：“衡州之衡山，封州之西乡，茶研膏为之，皆片团如月。”

《茶谱》：“忠州之南宾，有四国：一多陵，二多婆，三罗波，四思龙，皆方饼。惟多陵最上，饭后饮之消食，空腹忌饮。多婆次之，二国下。”

《茶谱》：“（渝州）南平县狼猱山茶黄黑色，渝人重之，十月采贡。”

《茶谱》：“容州黄家洞有竹茶，叶如嫩竹，土人作饮，甚甘美。”

《茶谱》：“（虔州）南康，云居。”

《茶谱》：“（茂州）玉垒关外宝唐山有茶树，产于悬崖，笋长三寸五寸，方有一叶两叶。”

《茶谱》：“扬州禅智寺，隋之故宫，寺傍蜀冈，有茶园，其味甘香如蒙顶也。”

《茶谱》：“傅巽《七诲》云：蒲桃、宛柰、齐柿、燕栗、常阳黄梨、巫山朱橘、南中茶子、西极石蜜。寒温既毕，应下霜华之茗。”

上列《茶谱》记载的涪州、洪州、渠州、衡州、封州、忠州、渝州、容州、虔州、茂州、扬州等十一个州和南中地区（蜀汉时，南中有七郡：牂牁、越巂、朱提、建宁、永昌、云南、兴古），都是唐末五代时期的产茶区，这十一个州和南中地区都是陆羽《茶经》没有记载或少有记载的产茶区。可见毛文锡《茶谱》对产茶区的记载较《茶经》已大大拓展。

2.《茶谱》第一次记录下数十种影响千年的中国名茶

陆羽《茶经》在茶叶品质上多用“上”“中”“次”和“佳”“尤佳”等形容词来表达等级，较少确切记载某个具体名茶。这可能与陆羽本人的著述习惯有关，也可能与其所处的时代名茶不显有关。唐末五代时期，由于茶业快速发展，茶叶生产技术和技艺大幅度提升，茶饮在大江南北迅速盛行，各地好茶如雨后春笋般涌现，由此产生了众多为世人喜爱的名茶。毛文锡《茶谱》记录下了五十多种在唐末五代时期已为广大茶人品饮传咏的响当当的中国名茶。这是中国茶文化史上对中国名茶的第一次系统记载。

《茶谱》在介绍茶之产地的时候，就列出了多个地区的名茶。《茶谱》云："其土产各有优劣：建州，北苑、先春、龙焙；洪州，西山白露、双井白芽、鹤岭；湖州，顾渚紫笋；常州，义兴紫笋、阳羡春；［池州］池阳，凤岭；睦州，鸠坑；宣州，阳坡；剑南，蒙顶石花、露镂芽、籛芽；［虔州］南康，云居；峡州，碧涧、明月；［绵州］东川兽目；福州，方山露芽；寿州，霍山黄芽。皆茶之极品也。"短短一段就记载了北苑、先春、龙焙、西山白露、双井白芽、鹤岭、顾渚紫笋、义兴紫笋、阳羡春、凤岭、鸠坑、阳坡、蒙顶石花、露镂芽、籛芽、云居、碧涧、明月、东川兽目、方山露芽、霍山黄芽等二十余种名茶。

《茶谱》还记载有：彭州仙崖石花，荆州当阳县的仙人掌茶，涪州的三般茶，福州的柏岩茶，越州的仙茗，邛州的火番饼，渠江的薄片，蜀州的横源雀舌、鸟嘴、麦颗，婺州的举岩茶，袁州的界桥茶，衡州的研膏茶，封州的研膏茶，蕲州的团黄，鄂州的大茶，峡州的石上紫花、小江园，杭州的天目茶等近二十种名茶。在这近二十种名茶中，有些名茶千年不衰，至今仍是响当当的中国名茶，如蒙顶石花、霍山黄芽、西山白露、阳羡春、仙人掌茶、横源雀舌、顾渚紫笋等等。

唐末五代已是中国名茶倍出的时代。事实上，当时的名茶还远不止毛文锡《茶谱》记载的这五十多种名茶，比如广州西樵山茶、循州的罗浮山茶、利州的益昌茶、岳州的研膏茶等等，都是盛行一时的名茶。尽管如此，我们仍可毫不夸张地认为，毛文锡《茶谱》是第一部系统记载中国名茶的茶文化专著。

《茶谱》记载的各地名茶简表

州	今地名	名茶
江南东道 治所：苏州。辖境：今长江以南，浙江、福建二省以及安徽歙县、绩溪、休宁、祁门、黟县，江西婺源、玉山等。		
建	福建建瓯市	北苑、先春、龙焙
湖	浙江湖州市	顾渚紫笋、邕湖研膏
越	浙江绍兴市	仙茗
常	苏州常州市	义兴紫笋、阳羡春
苏	江苏苏州市	洞庭茶
池	安徽池州市	凤岭茶
杭	浙江杭州市	天目茶
睦	浙江建德、淳安一带	鸠坑茶
婺	浙江金华市一带	举岩茶
福	福建福州市	方山紫笋、柏岩茶、蜡面茶
歙	安徽黄山市、绩溪县， 江西婺源一带	牛梘岭茶

续表

州	今地名	名茶
江南西道 治所：洪州（南昌）。辖境：今江西、湖南、安徽南部及湖北东部的江南地区，广东连县、阳山二县与连南瑶族自治县等。		
洪	江西南昌市	西山白露、双井白芽、鹤岭茶
宣	安徽宣城市一带	阳坡
虔	江西赣州市	南康云居
袁	江西宜春市一带	界桥茶
鄂	湖北鄂州市	通山大茶
衡	湖南衡阳市	衡州研膏茶
淮南道 治所：扬州。辖境：今江苏中部、安徽中部、湖北东北部和河南东南等。		
舒	安徽安庆市一带	多智山茶
蕲	湖北黄冈市蕲春县一带	团黄
扬	江苏扬州市	禅智寺茶
寿	安徽淮南市寿县一带	霍山黄芽
剑南道 治所：成都。辖境：今四川大部，云南澜沧江哀牢山以东及贵州北部、甘肃文县一带等。		
蜀	四川崇州市	横源雀舌、横源鸟嘴、麦颗
彭、灌	四川彭州市、都江堰市	仙崖、石花
邛	四川邛崃市	火番饼、黄芽
茂	四川汶川、茂县一带	宝唐山茶
雅	四川雅安市	蒙顶茶、研膏茶、露芽、钱芽、压膏露芽、百丈茶、名山茶
眉	四川眉山市	洪雅昌阖、丹棱饼茶、片甲、蝉翼
绵	四川绵阳市	龙安茶、东川兽目
泸	四川泸州市	泸茶

续表

州	今地名	名茶
山南东道 治所：襄州。辖境：今湖北长江以北、河南西南部及重庆东部万州等。		
荆	湖北荆州市	仙人掌茶
忠	重庆忠县	南宾方饼
峡	湖北宜昌市一带	石上紫花、小江园、明月簝、碧涧簝、茱萸簝
山南西道 治所：兴元府（汉中）。辖境：今陕西汉中，四川东部、重庆西部等。		
渠	四川达州市渠县一带	渠江薄片
渝	重庆市	狼猱山茶
涪	重庆涪陵区	三般茶
岭南道 治所：广州。辖境：今广东省、海南省全部、广西大部、云南东南部、越南北部等。		
容	广西容县一带	竹茶
封	广东肇庆市封开县一带	封州研膏茶
南中（地区）	今云南、贵州及四川西南部地区	茶子

（按，表中今地名与古地名所指地区非完全契合，仅为大致相当）

3.《茶谱》是继《茶经》之后对茶叶制作技术技艺系统总结记载的茶书

陆羽著《茶经》的时代，茶饮之法以煮煎为主，历史上有“唐煎宋点”之说。唐及前的很长一段时期，茶叶制作以饼制为主，由于成品茶多为饼制，与之相应的茶在煎煮前，还需将茶饼炙、碾、捣、磨、罗等。陆羽《茶经》所记载的茶叶制造，多是对那个时期流行的饼制法的记载，比较单一。

唐末五代时期，随着茶艺的不断发展，饮茶方式开始不断丰富，茶叶的制作工艺也呈现出多样化的时代特色。毛文锡《茶谱》记录下了这个时期多样化的茶叶制作工艺。

《茶谱》记载的饼茶制作较《茶经》更为丰富，饼茶制作技艺大大提升。

《茶谱》云："彭州有蒲村、堋口、灌口，其园名仙崖、石花等，其茶饼小而布嫩芽，如六出花者尤妙。"这段记载彭州地区制作的饼制茶，不仅小巧精妙，而且茶饼上布满"如六出花"嫩芽，可见，这种茶叶饼制法已在一般饼制基础上有了极大的提升，工艺化制作程度已达到十分精妙的程度。在《茶谱》中还记载了多个地方的饼制法，都达到了很高的水平，如"渠江薄片，一斤八十枚"；"宣城县有茶山，其东为朝日所烛，号曰'阳坡'，其茶最胜，形如小方饼，横铺茗芽其上"；"婺州有举岩茶，斤片方细，所出虽少，味极甘芳，煎如碧乳也"。渠江薄片、宣城阳坡小方饼、婺州举岩方饼都是制作工艺极高的饼制名茶。

《茶谱》记载的研膏制饼技术大为发展。

《茶谱》云，“蒙顶有研膏茶，作片进之，亦作紫笋”，“蒙山有压膏露芽、不压膏露芽并冬芽，言隆冬甲坼也”。唐末五代时期，四川蒙顶山一带制作饼茶，已普遍使用研膏技术，饼茶制作技术大大“进之”。研膏制饼不仅四川蒙顶山一带广为使用，而且各地纷纷效仿。《茶谱》还记载了其他地区的研膏制饼，如“衡州之衡山，封州之西乡，茶研膏为之，皆片团如月”，“义兴有紫笋，阳羡春，有滬湖之含膏”，“袁州之界桥［茶］，其名甚著，不若湖州之研膏紫笋，烹之有绿脚垂下，胡公溆赋云：‘云垂绿柳。’”。可见，衡州、封州、常州、袁州等地都有研膏制饼法在茶叶制作上的成熟运用。

《茶谱》记载的火番饼已拉开黑（藏）茶制作的帷幕。

《茶谱》云：“邛、临数邑，茶有火前、火后、嫩绿、黄芽等号，又有火番饼，每饼重四十两，入西蕃党项，重之如中国名山者，其味甘苦。”唐末五代时期，今天的四川雅安、邛州一带开始制作的火番饼，是中国黑茶的始祖。火番饼在这个时期“入西蕃党项”，进入以藏羌同胞为主的少数民族地区，后来，一步步演化为“乌茶”“黑茶”“藏茶”，成为连接汉藏的重要纽带。

《茶谱》不仅记载饼茶制作工艺，而且还记载了大量散茶及其制作工艺。

《茶谱》记载的“顾渚紫笋”“西山白露”“双井白芽”“义兴紫笋”“鸠坑”“蒙顶石花”“露镑芽”“籛芽”“东川兽目”“霍山黄芽”“团黄”“仙人掌”“仙茗”“雀舌”“鸟嘴”“麦颗”等等，散茶名品可谓已盛行于唐末五代时期大江南北。说明这个时期不仅仅饼茶流行，与饼茶相向而行的散茶也大行其道。还可以看到，按今天的六大茶类的分类，不仅仅有绿茶，还可以看到类似白茶、黄茶、黑茶的身影，或者这几类茶类制作的雏形。

4.《茶谱》是中国历史上第一次对贡茶作专门记载的茶书

《禹贡》疏：“贡者，从下献上之称，谓以所出之谷，市其土地所生异物，献其所有，谓之厥贡。”将茶叶作为贡品，可追溯到晋代常璩《华阳国志·巴志》的记载，周武王伐纣得胜后，巴蜀人将“丹漆荼蜜”等土产贡于周室。茶叶成为一种大规模进贡的土产始于唐代。唐代鼎盛时期，贡茶所涉州郡多至十七个，遍及今天的四川、湖北、陕西、江苏、浙江、福建、江西、安徽、湖南等十余省市。陆羽《茶经》没有对当时贡茶做专门系统的记载，毛文锡《茶谱》则对贡茶有多条记载。

《茶谱》云，渝州“南平县狼猱山茶黄黑色，渝人重之，十月采贡”，峡州“石上紫花芽，理生头痛，年贡一斤。又有小江［园］、明月簝、碧涧簝、茱萸簝之名”。渝州、峡州是巴蜀文化圈的重要组成部分，唐末五代时期，渝州、峡州均有茶入贡，成为巴蜀地区茶入贡的代表。

《茶谱》云舒州：“怀宁县多智山，其山有茶及蜡，每年民得采撷为岁贡。秋夏时有毒蛇、沙虱，人不敢登。”舒州在今安徽省，唐末五代时期，也有茶入贡。

更为精彩的是，《茶谱》对每年在湖、常二郡交界的境会亭两郡太守主持选茶入贡的盛会作了精彩的记载。《茶谱》云：“湖州长兴县啄木岭金沙泉，即每岁选茶之所也。湖、常二郡接界于此。厥土有境会亭，每茶节，二牧皆至。斯泉也，处沙之中，居常无水。将造茶，太守具仪注拜敕祭泉，顷之，发源，其夕清溢。造供御者毕，水即微减；供堂者毕，水已半之；太守造毕，即涸矣；太守或迁旆稽期，则示风雷之变，或见鸷兽、毒蛇、木魅焉。”这是中国茶文化史上第一次有文字记载的茶叶选贡盛会。

在唐代鼎盛时茶涉贡的十七个州郡中，我们从《茶谱》中仅看到五个州郡有茶入贡，与《茶经》比，是为拓展，但对还有其他有茶入贡的州郡未能入载，着实令人遗憾。这可能是因为《茶谱》原著遗失，我们未能看到该书全貌的缘故。

5.《茶谱》是中国历史上第一次对“非茶之茶”作专门系统记载的茶书

非茶之茶，指与茶一样可以作为人类饮料，但又与茶具有不同特征的植物。比如今天流行于世的苦丁茶、老鹰茶等等。

《茶谱》以“茶之别”列出了多个和茶一样可以作饮料用的“茶”。别者，区别也，差异也，不同也。茶之别，即茶之异也，有别于茶之茶也。这就是我们今天所说的“非茶之茶”。

茶之别者，枳壳芽、枸杞芽、枇杷芽，皆治风疾。又有皂荚芽、槐芽、柳芽，乃上春摘其芽，和茶作之。五花茶者，其片作五出花也。

容州黄家洞有竹茶，叶如嫩竹，土人作饮，甚甘美。

长沙之石楠，其树如棠、柟，采其芽，谓之茶。湘人以四月四日摘杨桐草，捣其汁，拌米而蒸，犹糕糜之类。必啜此茶，乃其（去）风也。尤宜暑月饮之。

南平县狼猱山茶黄黑色，渝人重之，十月采贡。

上述记载，毛文锡所列“非茶之茶”遍及多个州郡，十数个品种，枳壳芽、枸杞芽、枇杷芽、皂荚芽、柳树芽、槐树芽等等皆入其列。这是中国历史上第一次对“非茶之茶”的专门文字记载，对后世产生了重要影响。至今，我国很多地区仍保留传承着大量的“非茶之茶”。由于这类茶多有保健功效，具有一定的药用价值，深为饮者喜爱。

《茶经》和《茶谱》在介绍茶树品种时，都提到一种植物瓜芦（皋芦）。《茶谱》曰：“茶树如瓜芦，叶如栀子，花如白蔷薇，实如栟榈，蒂如丁香，根如胡桃。”瓜芦是皋芦的别称，这种植物还有“过罗”“拘罗”“物罗”“苦丁”“苦簦”等多个别称，分布在中国南方。其叶因具有清热消暑、明目益智、生津止渴、利尿强心、润喉止咳、降压减肥、抑癌防癌、抗衰老等多种药用功效，今天还有很多人将其作茶饮，并赋予

"保健茶""美容茶""减肥茶""降压茶""益寿茶"等多种美誉。在四川等南方地区多称"苦丁茶"，其实就是"非茶之茶"。苦丁茶分为大叶苦丁和小叶苦丁，大叶苦丁为冬青科冬青属，主要分布在海南、广西、广东、福建等地；小叶苦丁为木樨科女贞属，主要分布在四川、云南、贵州、浙江等地，制作成品外形细小，呈深绿色，味道有绿茶的清香，在四川等地人们称"青山绿水"。李时珍《本草纲目》称苦丁茶"叶（气味）苦，平，无毒。（主治）煮饮，止渴明目除烦，令人不睡，消痰利水。通小肠，治淋，止头疼烦热。"[30]《茶谱》以"茶之别者"，记载了众多"非茶之茶"，这在中国茶文化史上实属首创，它为我们今天研究、利用、开发"非茶之茶"提供了重要的史料支撑。

[30] [明]李时珍：《本草纲目》，湖北教育出版社，2019年，第1811页。

二、从《茶谱》记载的茶诗文，看唐末五代的中国茶文化发展

茶文化是人类在茶生产、茶制造、茶品饮以及茶事活动中形成的文化，广义的茶文化包括茶的物质层面的文化和精神层面的文化。

中国是茶的故乡，也是茶文化的发源地。中国茶的发现和利用已有五千年的历史，且长盛不衰，传遍全球。把种茶、饮茶上升为一种文化，经历了漫长的历史岁月。唐代陆羽著《茶经》，系统总结唐代及以前茶叶生产、饮用的历史演变，并提出“精行俭德”的茶道精神，标志着中国茶文化的形成。唐代是茶“大行其道”的时期，不仅产生了大量的关于种茶、制茶、品饮茶等物质层面的茶文化，而且还产生了大量茶诗、茶画、茶文等精神层面的茶文化佳作和大量体现茶道精神的茶艺、茶礼、茶德的茶文化现象。

《茶经》是中国茶文化走向成熟的重要标志，《茶谱》则是对《茶经》之后至唐末五代中国茶文化全面发展时期的系统总结。

南宋时期晁公武论及《茶谱》时，称《茶谱》“记茶故事，其后附以唐人诗文”。从《茶谱》记载的茶诗文，我们可以清晰地看到唐末五代时期中国茶文化的发展。

1. 从《茶谱》记载的茶文，看唐及五代的中国茶文化的发展

《茶谱》记载的茶文，我们辑出八部列入《茶谱》的图书，这八部图书是：陆羽《茶经》、皎然《茶诀》、陆龟蒙《品第书》、张又新《煎茶水记》、裴汶《茶述》、苏廙《十六汤品》、顾况《茶赋》和温庭筠

《采茶录》。另有四部茶书未列入，一是陆羽《顾渚山记》，二是陆羽《水品》，三是王敷《茶酒论》，四是杨晔《膳夫经手录》。陆羽的这两部茶书早佚，可供坐实的材料不多。王敷《茶酒论》是1900年才在甘肃敦煌莫高窟中发现，作者的年代还难以确证。杨晔的《膳夫经手录》四卷，现仅存一卷，残卷中虽对茶有详细记载，是研究唐代茶史不可多得的珍贵资料，但作者仅为一县（巢县）县令，其成书的时间又与毛文锡历世相差不多，毛文锡能看到此书的可能性不大，能将其收入《茶谱》的可能性更不大。

陆羽《茶经》，共三卷十章七千余字，全面叙述茶区的分布、茶的生长、种植、采摘、制造、品鉴以及饮茶器具、饮茶历史，是世界第一部茶业专著。幸运的是，《茶经》问世后，不仅得以保存，而且为唐及以后的历朝历代所传承，奉为茶之经典。

自《茶经》问世至唐末五代，是中国茶业大发展的时期，同时也是中国茶文化大发展的时期。遗憾的是，记录这个时期茶文化发展的茶书寥若晨星，经历乱世，茶书和众多文化成果的命运一样，大多湮灭在连绵不断的战火硝烟之中。除陆羽的《茶经》外，另外七部茶书仅张又新的《煎茶水记》和顾况的《茶赋》得以幸免，至今我们还能阅读到全文，苏廙的《十六汤品》在宋代陶谷的《清异录》中也还能看到一个较善文本。温庭筠的《采茶录》和裴汶的《茶述》保留下了部分章节，也还算是幸运。皎然的《茶诀》和陆龟蒙的《品第书》就没那么幸运，留给我们的就只有个书名了。更为悲惨的一众书文连同其作者一同永远消失在乱世的硝烟之中。

我们从毛文锡《茶谱》中记载的茶文，能够看到唐及五代中国茶文化的景象，特别是《茶经》之后至五代时期中国茶文化的发展景象。

张又新所著《煎茶水记》全文仅九百余字，文中先列刘伯刍所品七水，次列陆羽所品二十水。这是陆羽《茶经》之后的一部重要的论述煮茶品水的专门著作。《煎茶水记》记载的品水之论，让我们看到陆羽《茶经》之后的唐中后期人们对茶与水的关系、水予茶的重要意义以及关于品茶好水的认识已升华到相当高的高度。“水乃茶之母”——晚明文学家张大复在《梅花草堂笔谈》中说：“茶性必发于水，八分之茶，遇十分之水，茶亦十分矣；八分之水，试十分之茶，茶只八分耳。”[31]水是茶的灵魂伴侣，只有好茶配好水，才是茶与水的完美结合。可见，唐中后期以后，茶大行其道，人们不仅喝茶，而且开始由“喝”到重“品”；不仅喝

[31] ［明］张大复：《梅花草堂笔谈》，浙江人民美术出版社，2016年，第57页。

[32] ［明］裴汶：《茶述》，引自朱自振、沈冬梅、增勤《中国古代茶书集成》，上海文化出版社，2010年，第75页。

好茶，而且转向讲究品好茶，讲究好水配好茶；不仅把茶区分为不同的等次，而且将配茶之水也分别出各种不同的等次。

顾况作《茶赋》，与杜育的《茶赋》有异曲同工之妙。他以大段骈文和对比的方法铺陈出茶叶“上达天子，下被幽人”、恩泽四方的魅力，生动地描绘了盛唐时期的茶事勃兴的情形。

《茶述》为晚唐裴汶所作。原作已佚，据清代陆廷燦《续茶经》卷上补，可知该书的序言。仅存的序言记曰：“茶起于东晋，盛于今朝（唐）。其性精清，其味浩洁，其用涤烦，其功致和……因作《茶述》。”[32]《茶述》序言记载的写作目的清楚地表达了《茶述》是一部主要论述茶品、茶性、茶功的茶书。《茶述》论茶性、茶功，从茶的物质层面的精清、浩洁，升华到精神层面的涤烦、致和，其论精妙，代表了唐末时期品茶、论茶的最高水平。

《十六汤品》为唐末苏廙所著。苏廙生卒不详。《十六汤品》对茶的烹煮法加以分析，演绎成十六种。将汤沸程度分为三种，注汤缓急分为三种，茶器种类不同分为五种，依薪炭燃料又分为五种。这是一部点茶道的代表作，对茶艺、茶道及茶文化史的研究，有着重要的价值。可惜原书已佚，我们今天能看到的是记载在宋人陶谷《清异录》中的文本。

《品第书》是陆龟蒙小品文的代表作。品第，指评出高低、等次、等级。这里指品评、评定茶叶的优劣。《品第书》就是一部专门描写品茶之事的专著，记录唐中后期人们饮茶、品茶等茶文化历史的专著。可惜这部书已佚。

《茶诀》，唐皎然作。皎然在文学、佛学、茶学等方面颇有造诣，现存诗四百七十余首。其茶文化方面的成就，可与陆羽齐名。陆羽是中国茶业、茶学之祖，皎然则是中国茶文化、茶道之祖。皎然是中国茶文学的开创者，佛门茶事的集大成者，中国茶道的首创者。皎然的《饮茶歌诮崔石使君》可称为中国茶文学的巅峰之作。所作《茶诀》可惜已失传。但我们从这部专著的书名可知，《茶诀》是记录唐代茶歌诀的一部茶文化专著。诀，即把事物主要内容编成顺口押韵的、容易记忆的词句，如歌诀、口诀等等。茶诀，即关于茶及茶事的有韵、易记、顺口的歌诀、口诀。皎然的《茶诀》就是记载唐代茶及茶事活动的茶歌诀、茶民歌的一部茶文化专著。《茶诀》告诉我们，唐代由于茶业、茶文化的普及发展，产生了传咏茶及茶事活动的茶歌诀、茶民歌，这些茶歌诀、茶民歌多在民间流行传唱，可惜没能记录存世。今天，我们既看不到《茶诀》，也看不到那个时代留给我们的茶民歌、茶歌诀。南宋时期范成大的《夔州竹枝歌》曰："白头老媪簪红花，黑头女娘三髻丫。背上儿眠上山去，采桑已闲当采茶。"这首竹枝词就是宋代最具代表性的茶诀、茶歌。

《采茶录》为温庭筠860年前后所著，原著已佚，现能看到的仅存辨、嗜、易、苦、致五类六则，均为记事。所记五事是：陆羽辨别南零水的故事（二则）；陆龟蒙嗜茶，写品茶诗一篇；刘禹锡与白乐天易茶醒酒；士大夫苦于王濛请喝茶；刘琨致侄书要真茶。这些茶事活动，名为《采茶录》，却不见一件采茶之事。可能所记采茶之事部分全部佚失，仅留下全书的一小部分。《采茶录》极有可能是一部类似《茶经》的茶文化全书，既记茶种、茶产、茶具、茶功、茶造，又记茶事茶文。

毛文锡《茶谱》记载的这八部茶书，虽仅有《茶经》《茶赋》《煎茶水记》存留传世，其余五部或全部遗失，或大部遗失。但从这些茶书的残缺文字中，或单单一个存世的书名中，我们仍然能触摸到自《茶经》问世后中国茶文化发展的脉络，包括唐末及五代时期中国茶文化的发展。

2. 从《茶谱》记载的茶诗，看唐及五代的中国茶文化发展

茶与诗歌相遇，诗歌使原本仅具有自然属性的茶，升华为一个负载丰富文化内涵和极具愉悦审美体验的文化精粹。据现存文献记载，我国最早具有茶元素的诗歌，可以追溯到中国诗歌的开山之作——《诗经》。不过《诗经》记载的“荼”为“茶”，有“荼”的诗句在《诗经》中共出现过七首九处。这里的“荼”是不是“茶”，学术界尚有争论。虽然茶与诗结缘很早，但在唐代以前茶入诗还是不多。在唐代陆羽《茶经》中列出了五首与茶有关的诗歌，分别是：西晋左思的《娇女》诗，西晋张孟阳的《登成都白菟楼》，西晋孙楚的《出歌》，南朝宋王微的《杂诗》，以及南朝宋鲍令晖的《香茗赋》。三首来自西晋，两首来自南朝宋，学界一般认为，我国最早的茶诗当是西晋的这三首茶诗。但是，这三首茶诗，甚至包括南朝宋王微的《杂诗》都不是专门咏颂描写茶的诗，只能算是涉茶诗，至于南宋鲍令晖的《香茗赋》是不是专门咏茶的文章，因佚不存，

也难确定为是真正专咏茶的文章。

唐中后期以后，特别是陆羽《茶经》问世以后，随着茶业、茶事的发展，以茶诗为代表的茶文化也得以繁荣。毛文锡《茶谱》记录下了这个时期茶诗蓬勃于世的历史。

从时间跨度来看，《茶谱》记载了盛唐至五代的茶诗，最早的一首当为李白的《答族侄僧中孚赠玉泉仙人掌茶（并序）》，最晚的当是与毛文锡差不多同时代，即唐末五代时期贯休的《桐江闲居作十二首》和齐己的《咏茶十二韵》。

从数量来看，据对《全唐诗》的统计，唐代写过茶诗的诗人有一百三十余人，留有茶诗五百五十余首。《茶谱》记载了这个时期茶诗的主要代表作近二十首，作者近二十余人。涉及唐代政治家、文学家、僧侣、道士等多领域、多阶层的茶爱好者。

从诗体形式来看，有古诗、律诗，还有和诗、宝塔诗等等。如李白的《答族侄僧中孚赠玉泉仙人掌茶（并序）》就是一首五言古体诗；卢仝的《走笔谢孟谏议寄新茶》就是一首七言古体诗；齐己的《咏茶十二韵》就是一首优美的五言排律诗；元稹的《一七令·茶》就是一首著名的宝塔诗；皮日休和陆龟蒙互相唱和，各写的十首咏茶诗就是著名的唱和诗。这个时期，茶诗诗体形式已相当成熟，不仅有古体诗、律诗、绝句等多种诗体的茶诗，而且还有和诗、联诗、宝塔诗等多种韵味、多种形式的茶诗。《茶谱》收录了这个时期主要诗体形式的代表作，但仍未能对这个时期的所有诗体和诗体形式的作品应收尽收。

从内容来看，《茶谱》记载的茶诗涵盖了唐代从采茶、制茶到饮茶，从茶叶到茶具、水品等几乎所有茶事活动。如皮日休、陆龟蒙的《茶人》诗描写采茶，杜牧的《题茶山》描写制造茶叶，卢仝的《走笔谢孟谏议寄新茶》、刘禹锡的《西山兰若试茶歌》、杜甫的《重过何氏五首》（之三）等描写饮茶，白居易的《山泉煎茶有怀》、陆龟蒙的《忆山泉》等描写名泉名水，皮日休和陆龟蒙的《茶中杂咏》唱和诗写《茶籝》《茶灶》《茶焙》《茶鼎》的诗，描写茶具。

唐代，特别是中唐以后，正如白居易诗句所说的那样，“或饮茶一盏，或吟诗一章”，“或饮一瓯茗，或吟两句诗”，茶和诗已成为诗人们生活中不可或缺的一部分，或一大乐趣，一大雅兴。茶诗在茶事活动和诗词文化中发展为别具一格的文化现象。诗升华了茶，茶丰富了诗。茶诗作为茶文化的一种载体，对茶和茶文化的传承和发展发挥着巨大作用。

3.《茶谱》是第一部汇集“真茶诗”的茶文化著作

唐代以前，《诗经》记载的茶诗，我们将其称作“疑似茶诗”，因《诗经》出现的“荼”是否“茶”，存疑。西晋左思的《娇女》诗、张孟阳的《登成都白菟楼》、孙楚的《出歌》和南朝宋王微的《杂诗》，以及南朝宋鲍令晖的《香茗赋》，仅仅是其诗中有“茶”出现，并非专咏其茶，我们将其称作“涉茶茶诗”。专咏其茶、专述其茶真正意义的茶诗，是在唐代中期开始出现的。这是因为唐中期，随着茶及茶文化的“大行其道”，人们对“茶”字的读音、字形、字义有了统一的认知，对“茶”这一事物有了确定的概念定义之后，才逐步开始有了真正意义的专咏其茶、专述其茶的茶诗这样的文学形式。第一首真正意义的茶诗产生后，唐中期至唐末五代产生了大量专咏茶的“真茶诗”。《茶谱》记载并汇集了这个时期井喷而出的一大批极具影响力的“真茶诗”。

《茶谱》记载了历史上第一首真正意义的茶诗——《答族侄僧中孚赠玉泉仙人掌茶（并序）》。该诗是唐代伟大诗人李白创作的一首咏茶诗。李白一生作茶诗不多，但这一首诗足可成为中国茶文学史上具有里程碑意义的上佳之作。这是中国历史上第一首专咏茶的真正意义的茶诗，也是中国历史上第一首描写名茶的茶诗。全诗字里行间赞美仙人掌茶之妙，为历代咏茶者所赞赏。公元752年，即唐玄宗天宝十一年，李白与侄儿中孚禅师在金陵栖霞寺不期而遇，中孚禅师以仙人掌茶相赠，李白以诗作答，遂有此作。这首诗生动地描写了仙人掌茶得天独厚的生长环境，独特的茶叶外形，独特的饮用功效；诗歌充满了对仙人掌茶及其茶人“僧侄”的赞美之情；通篇以茶为主题，字字言茶事，句句有茶情。该诗是中国文学史上真正意义茶诗的开山之作，具有不可撼动的历史地位。

除此之外，《茶谱》还记载了唐中后期及五代多首极具代表性的“真茶诗”。

继第一首李白的“真茶诗”之后，在中国诗歌史上，开启了一个“真茶诗”井喷时期。短短的一百多年里，产生了卢仝《走笔谢孟谏议寄新茶》、皎然《饮茶歌诮崔石使君》、杜甫《重过何氏五首》（之三）、白居易《谢李六郎中寄新蜀茶》、刘禹锡《西山兰若试茶歌》、齐己《咏茶十二韵》以及皮日休、陆龟蒙《茶中杂韵》各十首唱和诗等等。“真茶诗”井喷时期的多首茶诗佳作都收录进《茶谱》之中。

这些“真茶诗”从内容到形式，不仅涵盖广泛，且臻于成熟精妙，皆可谓中国茶文学史上千古传诵的佳作。

卢仝《走笔谢孟谏议寄新茶》和皎然《饮茶歌诮崔石使君》这两首对饮茶茶事的描写，碗碗茶汤引人入胜，荡气回肠。茶汤的品饮，饮出了大唐的豪迈，饮出了诗国的清灵。这两首茶诗，叙论结合，纵情挥洒，把品茶过程描写得纵横跌宕，幻化莫测。品饮茶汤的物质之美，升华到至高的精神境界。两首茶诗传诵千余年，至今仍是茶文学领域的“天花板”。

元稹《一七令·茶》，俗称宝塔诗。元稹以宝塔的形式排列诗句，歌咏茶之妙、茶之美，不仅形式特别，而且读起来朗朗上口。在中国古代茶诗歌中极为少见。这首诗把茶和饮茶过程描写得栩栩如生，韵味深长。有让人陶醉的芬芳——香叶；有让人饱眼福的楚楚形态——嫩芽、曲尘花；有生动的色彩——“碾雕白玉，罗织红纱”“铫煎黄蕊色”，色、香、态、形，视觉嗅觉，尽享其美。饮茶时，“夜后陪明月，晨前对朝霞”，每日早晚有香茶相伴，真是神仙般的快活；饮后“洗尽古今人不倦”，茶之功真是妙用无穷。这首诗被喻为茶文学领域的千古绝唱。

皮日休《茶中杂韵》十首与陆龟蒙《奉和袭美茶具十咏》十首是茶诗歌中难得一见的唱和诗。从茶坞、茶人、茶笋到煮茶，从茶舍、茶焙到茶灶、茶籯、茶鼎、茶瓯等，囊括了茶事活动的全过程。诗歌抒发了诗人煮茶品意的闲适心境，还对茶具作了具体生动的描绘。两人以诗人的灵感、丰富的词藻和对茶的款款深情，给我们形象地描绘了唐代茶事的十幅精美画卷，为后人考察研究茶具的演变和唐代的茶事活动提供了重要的参考依据。

《茶谱》对这些茶诗的汇集整理，让我们看到了中国历史上茶文化蓬勃发展的盛世图景，看到了真正茶诗产生和井喷式发展的历程。

《茶谱》除了对唐末五代茶产业、茶诗文、茶事活动的系统记载，还对水品也做了系统全面的记载。《茶谱》不仅为我们系统全面呈现了唐末五代时期中国茶产业的发展景象，而且还系统全面呈现了唐末五代时期中国茶文化的发展景象。《茶谱》是继《茶经》之后，中国茶史上的又一部具有重要历史文化价值的茶叶全书、茶文化全书。

三　毛文锡《茶谱》源出

《茶谱》，一卷，毛文锡撰。原书已佚。

《茶谱》所撰时间，可以推测撰于唐末或五代初期，因为前蜀初期，已流传于世。这从唐末五代诗僧贯休《禅月集》卷一七《和毛学士舍人早春》中可以得到答案。贯休诗云：

陋巷冬将尽，东风细杂篮。
解牵窗梦远，先是涧梅谙。
茶癖金铛快，松香玉露含。
书斋山帚撅，盘馔药花甘。
雅得琴中妙，常拨脸似酣。
雪消闻苦蛰，气候似宜蚕。
密勿须清甲，朝归绕碧潭。
丹心空拱北，新作继《周南》。
竹杖无斑点，纱巾不著簪。
大朝名益重，后进力皆覃。
至理虽亡一，臣时亦说三。
不知门下客，谁上晏婴骖。

贯休（832—912），唐末五代著名诗僧、画僧。贯休的这首《和毛学士舍人早春》给我们传递出诸多有关毛文锡的信息。

从这首诗的诗名看，这是一首和诗。所谓和诗，就是指诗人间的唱和、和答，既为唱和、和答，一定是两个人或两个人以上的诗事。两个人之间或用诗词互相赠答唱和，或对别人的诗词有感而和，有感而作。贯休的这首《和毛学士舍人早春》，显然是贯休与毛文锡之间的诗歌唱和。从题目看应该是毛文锡作《早春》诗，贯休有感而与之唱和。遗憾的是，毛文锡《早春》诗早已佚失。该诗诗名透露的第二个信息是，毛文锡不仅作词，应该还作过诗，今存毛文锡词三十二首，未见诗，这不能不说是中国文学史上的一大憾事，期待学界有更多新的发现。

从内容看，该诗十二句，一百二十字，诗中既有对毛文锡日常生活和性格爱好的描写，又有对毛文锡德行操守和业绩成就的赞誉。特别是诗中给毛文锡“茶癖”的雅号，让人了解毛文锡一生嗜茶成癖的茶人本性。

更为难得的是，贯休本人及这首诗作，为我们提供了毛文锡活动年代以及撰写《茶谱》的大致时间线索。从贯休的人生轨迹看，他只活到前蜀时期，因此，他与毛文锡的诗歌唱和并称毛文锡是“茶癖”，只能在前蜀。再从贯休称毛文锡“毛学士”来看，毛文锡在前蜀做过文思殿大学士，没有在后蜀做学士的记载。

根据对贯休《和毛学士舍人早春》一诗的分析，我们断定毛文锡写作《茶谱》应在前蜀时期，且广为流传，因有贯休与之唱和并赠其“茶癖”之雅号。

《茶谱》问世后，前蜀时期即有传诵，宋及以后很多文献均有收录。宋庆历元年（1041）七月成书，被称为中国现存最早的一部国家书目《崇文总目》应是最早收录《茶谱》的文献。《崇文总目》卷三收录后，晁公武《郡斋读书志》、郑樵《通志·艺文略》、尤袤《遂初堂书目》和陈振孙《直斋书录解题》均著录是书。陈振孙《直斋书录解题》称“后蜀毛文锡撰”，显然有误，此书撰于五代前蜀无疑。但因该书久佚，自宋至明真见过此书者不多，乃至对作者著录也出现错误，如宋元时代学者马端临编撰《文献通考》误作“燕文锡”，明代陶宗仪《说郛》作“王文锡”，明代彭大翼《山堂肆考》又作“毛文胜”，明代陈耀文的《天中记》则误书名为《茶品》等等，不一而足。南宋著名目录学家、藏书家晁公武在《郡斋读书志》中谓：毛文锡《茶谱》“记茶故事，其后附以唐人诗文”，实亦未能概况《茶谱》之内容，究竟附了哪些唐人的哪些诗文，不得而知。据南宋蒲国宝《金堂南山泉铭并序》（《全蜀艺文志》卷四四）称“毛文锡作《茶谱》（水品）又增至二十有八”，则似《茶谱》亦仿《茶经》有品水之内容，但今亦难辑佚。从现存佚文看，《茶谱》着重记述中唐以后名茶的产地、品性等，其后附以茶文茶诗。从后人刊行《茶经》时多取《茶谱》之文作注文来看，足见此书是继《茶经》之后的又一部重要茶书。

佚文中，附有关于陆羽、张志和、胡生、志崇、陆龟蒙、蒙山僧及湖常二州太守境会亭制贡茶的故事七则，唐人诗文则无存。这有两种可能：一为诗文已佚，无从搜辑；二为晁公武《郡斋读书志》误记。但我笃信非晁氏误记。晁公武是南宋著名的目录学家、藏书家，人称“昭德先生”，著《郡斋读书志》二十卷，此书是晁氏唯一存世的作品。在这部书的卷十二杂家类中记曰：“《茶谱》一卷，右伪蜀毛文锡撰。记茶故事，其后附以唐人诗文。”晁氏在这部书中除记录《茶谱》，还记录了另外十一篇茶书目录。应该确信，晁氏所记确实。明代曹学佺在《蜀中广记·方物记》中亦言：“毛文锡撰《茶谱》，记茶事甚悉，末以唐人为茶诗文附之。”毛文锡本人乃著名诗人、词人，对诗文必有独到的视角和偏好，余笃定已佚，故有后辑。

《茶谱》佚文涉及唐五代时期八道五十余州产茶情况，记载了中唐以后的五十余种名茶品目和性状，以及关于贡茶、别茶等诸多茶事崭新领域，较《茶经》已大为拓展。

《茶谱》佚于何时，很难稽考判定。从明清茶书录存的《茶谱》佚文中存在不少与宋人书中引文不同的异文判断，似还无从论定此书佚于宋元之际。至少，明代尚存其残本或从类书、方志中转录的条文。

《茶谱》是仅次于《茶经》的茶学巨著，其久佚不传，无疑是中国茶文化史上的一大损失。今其佚文三千余字，仅为全书之一部分。

朱自振、沈冬梅、增勤、陈尚君、方健等学者均对《茶谱》辑佚有重大贡献。这几位学者之辑佚文主要辑自宋乐史《太平寰宇记》、吴淑《事类赋注》、陈景沂《全芳备祖》、晏殊《晏元献公类要》、谢维新、虞载《古今合璧事类备要》、熊蕃《宣和北苑贡茶录》等。日本学者青木正儿（1887—1964）有《茶谱》辑本，收在《中华茶书》（东京春秋社1972年版）之中。今拟将《茶谱》佚文重加裒辑，仍以上述诸本为据，辅以唐慎微《经史证类备急本草》、王象之《舆地纪胜》、陈鸿墀《全唐文纪事》、杨慎《谭苑醍醐》等书。余以为，谢维新、虞载《古今合璧事类备要》和吴淑《事类赋注》两书佚文不仅多出今传其他各本数则，且有些条目文字亦详且胜，故多用这两书为底本辑佚，并详加校正。所幸上列诸书多有宋本存世，无疑提供了辑校的善本。由于有条文已被宋人用作《茶经·八之出》之注，《太平寰宇记》有几条可确证为《茶谱》之文者，往往误注出处为《茶经》，这种现象绝非偶然，疑宋初乐史所见之《茶经》已有从《茶谱》文窜入为注者，今尽力予以辨析。必须指出，今辑《茶谱》诸条已多非毛氏原文，已由宋人以己意改写，这从上引诸书文字略有不同可证。

在《茶谱》记茶故事辑佚文基础上，根据南宋晁公武在《郡斋读书志》中谓毛文锡《茶谱》“记茶故事，其后附以唐人诗文”的记载和南宋蒲国宝《金堂南山泉铭并序》称“毛文锡作《茶谱》，又增至二十有八”的记载，辑佚出毛文锡《茶谱》“茶之诗文”“茶之水”等内容。

人張廷暉以所居北苑地宜茶獻之官其地始著沈括夢溪筆談云建溪勝處曰郝源曾坑其間又岔根山頂二品尤勝李氏時號爲北苑置使領之姚寬西溪叢語云建州龍焙面北謂之北苑宋史地理志建安有北苑茶焙龍焙宋子安試茶錄云北苑西距建安之洄溪二十里東至東宮百里過洄溪踰東宮則僅能成餅耳獨北苑連屬諸山者最勝蔡絛鐵圍山叢談云北苑龍焙者在一山之中間其周遭則諸葉地也居是山號正焙一出是山之外則曰外焙正焙外焙色香迥殊此亦山秀地靈所鍾之有異色已龍焙又號官焙

是時僞蜀詞臣毛文錫作茶譜繼壕按吳任臣十國春秋毛文錫字平珪高陽人唐進士從蜀高祖官文思殿大學士拜司徒貶茂州司馬有茶譜一卷說郛作王文錫文獻通考作燕文錫合璧事類山堂肆考作毛文勝天中記茶譜作茶品並誤

亦第言建有紫

清读画斋丛书本《宣和北苑贡茶录》载曰：『是时伪蜀词臣毛文锡作《茶谱》。』

主要参考书目

1. [晋]常璩著，刘琳校注：《华阳国志校注》，成都时代出版社，2007年。
2. [唐]陆羽著，沈冬梅校注：《茶经校注》，中华书局，2021年。
3. [唐]李肇：《唐国史补》，上海古籍出版社，1979年。
4. [唐]李白撰，杜泽逊审定：《李太白文集》，国家图书馆出版社，2022年。
5. [唐]虞世南：《北堂书钞》，学苑出版社，2015年。
6. [唐]陆羽著，[清]陆廷灿注：《茶经》，中国工人出版社，2003年。
7. [五代]赵崇祚：《花间集》，三秦出版社，2018年。
8. [宋]司马光：《资治通鉴》，北京出版社，2008年。
9. [宋]赵佶等著，沈冬梅、李涓编著：《大观茶论》，中华书局，2013年。

10. ［宋］王象之：《舆地纪胜》，文选楼影宋钞本。

11. ［宋］张唐英：《蜀梼杌》，浙江吴玉墀家藏本。

12. ［明］杨慎：《词品》，上海古籍出版社，2009年。

13. ［明］曹学佺：《蜀中广记》，商务印书馆印故宫博物院藏文渊阁本。

14. ［明］卓人月、徐士俊：《古今词统》，浙江古籍出版社，2002年。

15. ［明］杨慎编，刘琳、王晓波点校：《全蜀艺文志》，线装书局，2003 年。

16. 《汤显祖批评花间集》，福建人民出版社，2011年。

17. ［明］李时珍：《本草纲目》，湖北教育出版社，2004年。

18. ［明］张大复：《梅花草堂笔记》，浙江人民出版社，2016年。

19. ［清］吴任臣：《十国春秋》，中华书局，2010年。

20. ［清］李调元著，詹杭伦、沈时蓉校正：《雨村词话校正》，巴蜀书社，2006年。

21. ［清］贺裳：《皱水轩词筌》，全国图书馆文献缩微中心，1992年。

22. ［清］冯金伯：《词苑萃编》，中华书局，1986年。

23. ［清］陈廷焯：《词则》，上海古籍出版社，1984年。

24. ［清］陈廷焯著，杜维沫校点：《白雨斋词话》，人民文学出版社，1983年。

25. ［清］况周颐著，孙克强辑考：《蕙风词话·广蕙风词话》，中州古籍出版社，2003年。

26. ［清］吴宾彦修，王方岐纂：《（康熙）庐江县志》，黄山书社，2008年。

27. ［清］涨潮纂，王峰评注：《幽梦影》，中华书局，2008年。

28. ［清］林有席修，严思浚纂：《（乾隆）东湖县志》，方志出版社，2017年。

29. ［清］多祺纂修：《（光绪）蕲水县志》，武汉大学出版社，2021年。

30. ［清］赵懿纂辑：《（光绪）名山县志》，雅安名山区地方志办公室，2016年。

31. ［清］曹抡彬等修，曹抡翰纂：《（乾隆）雅州府志》，雅安市地方志办公室，2016年。

32. 杨天才译注：《周易》，中华书局，2016年。

33. 俞陛云：《唐五代词境浅说》，中国盲文出版社，2019年。

34. 唐圭璋：《唐宋词鉴赏辞典》，上海辞书出版社，1986年。

35. 曾昭岷等编撰：《全唐五代词》，中华书局，1999年。

36. 史双元：《唐五代词纪事会评》，黄山书社，1985年。

37. 付成波、郭素媛：《中国历代词名篇鉴赏》，花山文艺出版社，2019年。

38. 潘慎：《唐五代词鉴赏辞典》，北京燕山出版社，2009年。

39. 陈至立主编：《辞海》，上海辞书出版社，2023年。

40. 吴觉农：《茶经述评》，中国农业出版社，2005年。

41. 吴觉农：《中国地方志茶历史资料选辑》，中国农业出版社，1990年。
42. 陈祖椠、朱自振：《中国茶叶历史资料选辑》，中国农业出版社，1981年。
43. 朱自振：《茶史初探》，中国农业出版社，1996年。
44. 朱世英、王镇恒、詹罗九：《中国茶文化大辞典》，汉语大词典出版社，2002年。
45. 陈文华：《长江流域茶文化》，湖北教育出版社，2004年。
46. 《李调元著作选》，罗江县文化体育广播影视新闻出版局、四川省民俗学会李调元研究委员会编，2013年。
47. 沈冬梅、黄纯燕、孙洪升：《中华茶史：宋辽金元卷》，陕西师范大学出版社，2016年。
48. 余悦：《中国茶韵》，中央民族大学出版社，2002年。
49. 段渝：《巴蜀文化史》，四川人民出版社，2012年。
50. 郭孟良：《中国茶史》，山西古籍出版社，2002年。
51. 郭孟良：《茶书十三种》，生活书店出版社有限公司，2023年。
52. 朱自振、沈冬梅、增勤：《中国古代茶书集成》，上海文化出版社，2010年。
53. 方健：《中国茶书全集校注》，中州古籍出版社，2015年。
54. 赵丽：《花间集研究》，黑龙江人民出版社，2018年。
55. 李家光、陈书谦：《蒙山茶文化说史话典》，中国文史出版社，2013年。
56. 孙前：《英茶行日记》，新华出版社，2021年。

57. 张花氏：《东坡茶》，四川辞书出版社，2019年。
58. 沈冬梅、陈伟明：《茶经·随园食单》，中华书局，2016年。
59. 王秀梅译注：《诗经》，中华书局，2016年。
60. 姜南星主编：《星子县志》，江西人民出版社，1990年。

后　记

五代时期毛文锡的《茶谱》，是继陆羽《茶经》之后，中国茶文化史上又一部巅峰之作。遗憾的是，这么重要的一部大作，早早就湮灭在历史长河之中。所幸在宋及以后的许多文史典籍中还能看到一些零零落落的佚文。我在为这部书的早佚而深感遗憾的岁月中，慢慢萌发了把它从古文典籍中找出来重新编辑成集的念头。2020年开始，我有了较多的时间埋头于古代典籍，做《茶谱》的辑佚整理工作。将《茶谱》辑佚文编辑成集，还其原貌，实属一尝试性工作，仅为抛砖引玉，祈望茶界、学界专家学者斧削匡正。

在《〈茶谱〉辑佚述评》写作过程中，得到了孙前、陈书谦、钟渭基、张花氏、戴开林、钟克勋、刘延刚、廖曼华、杨健、史国余、张雅琪、杨雯雯等茶文化学者、专家、茶文化爱好者的大力支持，他们对书稿的撰写提出了诸多修改意见，特别是孙前、张花氏、陈书谦先生为该书的出版倾注了很多的心血。在本书付梓之际向大家表示衷心的感谢！

感谢内江师范学院教授钟建明先生为本书题写书名。

感谢戴开林、张雅琪、黄英、郭炜峰、丁鑫鑫、冉霞、聂海松、王瑶琪、李倩、阮苏秀、陈建兰等为本书提供大量的插图。

感谢四川工业科技学院张利、习玲为本书书稿打印和出版服务所付出的辛勤劳动。

2024年8月18日